岸 朝子

日本《Nippon》の食遺産

（株）ワニブックス

目次

甲信越

北陸

東海

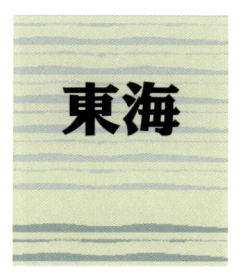

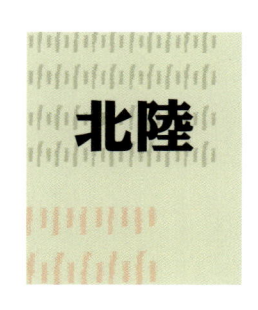

近畿

中国

四国

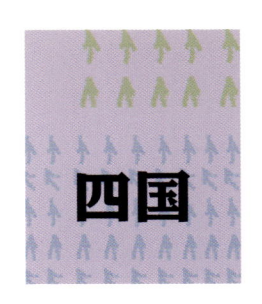

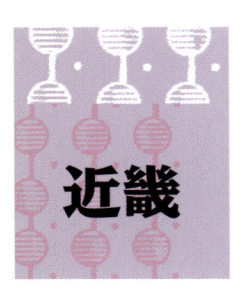

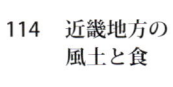

九州

沖縄

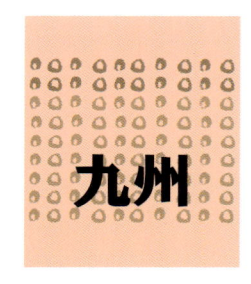

< お断り >
本書に掲載されているお取り寄せ商品について
1. 価格はすべて消費税込み
2. 特に断りのない限り送料が別途かかります
3. 冷蔵あるいは冷凍マークのないものは常温で届きます
4. 支払方法は各店によって異なります
　< 例 > 代金引換・郵便振替・銀行振込・カード払い・コンビニ払い
　< 例 > 前払い・後払い・代金引換
　詳しくはお店におたずねください
5. 本書で“公式 HP”とは“メールで購入可能”を意味します

食の宝を
ひろい集めて
伝えたい

世界地図で見ると小さな小さな島国日本。それでも、1都1道2府43県の各地域に、その土地でしか味わえない素敵な食遺産があります。

料理記者歴50年の私は、取材や講演などの仕事がらみのほか、プライベートでも、興味を引かれるものがあればどこへでも出かけていく性分で、全国を訪れました。農業や漁業に携わる人々を訪ねて話を聞いたり、チーズやハムなど加工品の製造過程を取材したりと、私たちの命を支える食べ物の成り立ちの現場を見ることが大好きです。もちろん、各地の市場にも行きますし、空港や駅のおみやげ売り場、デパ地下は素通りできません。おいしいものに出会えば、人にもあげたくなるのも性分。美味なるものは人を幸せにするからです。ありがたいことに冷蔵、冷凍の宅配便も充実し、各地の名産を取り寄せることもできるようになりました。そこでこの本をお届けします。

編集方針としては、先祖代々伝えられてきた味を守り続けている品、環境への負荷が少ない産物をと、労苦をいとわず有機栽培や低農薬栽培で育てられた食材、添加物が少なくからだにも優しい食品を優先的に選びました。

世界各地から多くの食材が輸入されている現代の暮らしでは、なおさらのこと、「地産地消」「身土不二」の心に立ち戻り、私たちの祖先が育て味わってきた食べ物と食習慣は大切に伝えていきたいものです。食べる人がいなければ、作る人も技術も失われていきます。伝統の味といっても頑なに守るだけでなく、時代に合わせて新しい風を吹き込みながら伝えていくことも大切でしょう。

「おいしく食べて健康長寿」が私のモットー。この本が皆様の健康で豊かな食生活のお役に立つことを願います。

岸朝子

北海道

　四方を海に囲まれた北海道を旅すると、その漁港の多さに驚かされます。ところによっては一駅ごとに港があるほど。どこも活気があり、春はきんき、夏はいかやうに、秋はさけやししゃも、冬はかにやたらなど、ピチピチの旬の魚介が種類も豊富に水揚げされます。

　北海道周辺の海は魚が住みやすい大陸棚に囲まれ、また、よい漁場の条件である暖流の黒潮と寒流の親潮が合流する潮境にも恵まれて、世界でも指折りの漁場のひとつに数えられています。さらに、各地の漁場の豊かさには、冬の厳しい寒さも一役買っています。たとえば、世界文化遺産に登録された知床周辺。オホーツク海に面したこの一帯は、冬は流氷によって港も閉ざされてしまうほどですが、流れ着いた氷には良質なプランクトンが豊富に含まれており、これを目当てに多くの魚が集まります。その魚は、やがて食物連鎖によって知床の大地をも潤し、この養分がまた海に還元されて豊かな海の幸をもたらしてくれるのです。

「北海道の風土と食」

いっぽう、内陸に目を転じれば、広い平野や盆地が点在し、放牧やさまざまな作物の栽培が行われています。これもまた、北海道ならではの風景といえるでしょう。

北海道の酪農は、明治の開拓初期に招かれたアメリカ人のケプロンが、アメリカやヨーロッパの中でも、北海道と気候、風土が似ている地域の、家畜と農作物を組み合わせる手法を取り入れて指導したことに始まります。以来、日本一の酪農地帯として常に一歩先を行く牧畜法が取り入れられ、現在にいたるまで、多くの牛乳や乳製品に「北海道」と冠されるほど、酪農イコール北海道のイメージが定着しています。

野菜の栽培では、北海道の気候や土壌に適したじゃがいもやアスパラガス、とうもろこし、玉ねぎなどが作られてきました。広い大地を有効に使い、大型機械で作付けや収穫を行う北海道ならではの大規模耕作が特徴です。また夏の、日中は気温が高く夜は温度が下がる気候を利用した果物栽培も盛んで、夕張メロンなどの名品が生まれています。

北海道地方

お取り寄せ

四方を海に囲まれた北海道は、
内陸には広大な平野が広がり、
漁業、農業、畜産業も非常に盛ん。
乳製品・魚介・農産物と
お取り寄せ商品もバラエティーに富んでいます。

生干ししゃも
甘塩たらこ
生たらばあし
ラクレット
フロマージュブラン
ホエイジャム

王子スモークサーモン
紅鮭のハラス
数の子松前漬
グリーン＆ホワイトアスパラガス
生ラム
特製バター
ひとつ鍋
トラピストクッキー
バター飴

本場ならではの旬のおいしさが
いつでも味わえる

生干ししゃも

【カネダイ大野商店】

木枯らしとともに駆け足でやってくる北国の冬を目前にした頃、北海道の南東部では、ししゃもが産卵のために群れをなして川をさかのぼります。この河口に集まった産卵直前のものを薄塩で目刺しにしたのが『**生干ししゃも**』。軽く焼いて頭からいただくと、口の中で卵がほろほろとくずれて、旬のおいしさそのもの。外国産が多い最近、本物を大切にしたいと、改めて思います。ちなみに、「**カネダイ大野商店**」では 10 ～ 11 月、生のししゃもずしが食べられるそうです。また、ししゃもといえば子持ちばかりがモテますが、脂がのったオスには、また、別趣の味わいがありますね。

●価格／１箱特大メス 20 尾・オス 10 尾入り
4300 円
冷凍
●注文方法／ TEL、FAX、公式 HP
※支払い方法は代金引換、銀行振込、
郵便振替、カード払い

●カネダイ大野商店（かねだいおおのしょうてん）
〒 054-0042　北海道勇払郡むかわ町
美幸 2 丁目 42
tel: 0120-24-6866　faxl: 0145-42-4013
http://kanedai.ecnet.jp/

店主がすすめるとおり
焼かずにいただくのが好き

甘塩たらこ

何年も前に『美味しんぼ』の作者、雁屋哲さんにいただいて以来、たらこといえばこれになってしまいました。

鮮度のよいすけとうだらの卵を、フランス産の塩に漬けるだけ。無着色、無添加の、自然な仕上がりがうれしいですね。店では「焼かずにそのまま味わってください」と。私もそうしています。薄塩のため、数日で食べきれなかったら、小分けして冷凍保存がおすすめ。

面倒くさがり屋に喜ばれる
その食べやすさも大きな魅力

生たらばあし

「**下倉孝商店**」は、北海道のさまざまな海産物を扱っています。ここの『**生たらばあし**』は食べやすいように殻をむいたりしてあり、“カニは大好き、でも、身を取り出すのが面倒で”という人におすすめです。冷凍なので、自然解凍してから、私は焼くのがいちばん好きですが、鍋物やしゃぶしゃぶ、天ぷらやフライなどの揚げ物もとてもおいしいですね。

【下倉孝商店】

甘塩たらこ
●価格／1箱(500g)入り5250円　冷蔵

生たらばあし
●価格／1箱(1kg)6850円　冷凍

●注文方法／TEL、FAX
※支払い方法は代金引換

●下倉孝商店(しもくらたかししょうてん)
〒060-0063　北海道札幌市中央区
南3条西6丁目(狸小路市場)
tel: 011-231-4945　fax: 011-232-5588
http://www.shimokura.jp/

十勝平野の“牛乳山”と呼ぶ山の
麓の農場で作られるチーズ

ラクレット　フロマージュブラン　ホエイジャム

【共働学舎 新得農場】

日本でも、おいしいチーズ作りに取り組んでいるところが増えたのは頼もしい限り。知人からいただいた「**共働学舎**」の『**ラクレット**』などもこのひとつですが、味のよさに加え、その製造に、さまざまな困難を抱えた人々が参加していると知り、応援したいと思いました。日本の酪農の可能性を求めた結果のチーズ作りなど、「**共働学舎**」のことはホームページをご覧ください。さて、チーズですが、『**ラクレット**』は溶かしてじゃがいもやパンにつけていただきます。クリーミーな『**フロマージュブラン**』は、チーズ作りの際に出る乳清(ホエイ)に砂糖を加えて煮つめた『**ホエイジャム**』を加えてどうぞ。

●価格／ラクレット 1 カット (200g) 735 円
フロマージュブラン 1 個 (100g) 157 円
ホエイジャム 1 びん (140g) 525 円ほか

冷蔵　ラクレット、フロマージュブラン

●注文方法／ TEL、FAX、公式 HP
※支払い方法は代金引換、郵便振替

●共働学舎新得農場 (きょうどうがくしゃしんとくのうじょう)

〒 081-0038　北海道上川郡鵡新得町
字新得 9 - 1
tel: 0156-69-5600　fax: 0156-64-5350
http://www.kyodogakusha.org/

サーモンピンクも鮮やかな
とろけるようにソフトで濃厚な味わい

王子スモークサーモン

【能登水産】

商品名の前に王子とつくのは、昭和 40 年、このスモークサーモン誕生のきっかけに、当時の王子製紙が関わっていたからです。社の幹部がロンドンのレストランで出会った素晴らしくおいしいスモークサーモンを作ろうと、試行錯誤の結果、現在のような、とろけるようにソフトで濃厚な味のものができるようになったと聞いています。私の記憶でも、それ以前のスモークサーモンは燻煙臭が強くて堅めでした。さけはスウェーデン、ノルウェー、カナダなどからも極上のものを買いつけているとのこと。私は、スライスオニオンとケーパーをたっぷりのせていただくのが好きです。

●価格／スライス 1 箱 (220g) 3150 円　冷蔵
(410g) 5250 円ほか
●注文方法／ TEL、FAX、E メール
※支払い方法は代金引換、郵便振替、銀行振込

●能登水産（のとすいさん）
〒 060-0053　北海道札幌市中央区南 3 条東
1 丁目 -8 札幌二条市場
tel: 011-241-4436　fax: 011-231-3045
e-mail: info@notosuisan.co.jp

ご飯のおかずにぴったりで、
我が家の孫たちも好き

紅鮭のハラス

【大坂屋商店】

ハラス(腹巣)はさけの腹身の部分。ちょっとよそゆきのスモークサーモンに対して、こちらは普段着のきどらない食材といえるでしょう。さけひと筋で50数年の「**大坂屋商店**」の『**紅鮭のハラス**』は脂ののった紅鮭を薄塩で軽くスモークし、分厚くカット。そのままでも食べられますが、さっと焼いたほうが美味。酒の肴にはもちろん、主菜にもなるボリュームで、孫たちも大好物です。

●価格／1パック(500g) 1890円　冷蔵
●注文方法／TEL、FAX
※支払い方法は代金引換、郵便振替、銀行振込、カード払いなど

●大坂屋商店（おおさかやしょうてん）
〒041-0805　北海道函館市北美原2丁目11-12
tel: 0138-46-5556　fax: 0138-46-0657

北海道の風土が生んだ
日本酒がすすむ大人の味

数の子松前漬

【久米商店】

古くは松前と呼ばれていた北海道は、昆布の主産地。そのせいで、松前とつく料理には昆布が使われます。その代表格の松前漬けは、昆布に数の子、いかなどを加えてしょうゆ漬けにした北海道ならではの味。数の子たっぷりの「**久米商店**」の『**数の子松前漬**』はプリプリとした弾けるような食感と、バランスのとれた味わいで、日本酒がすすむ大人の逸品です。

●価格／1箱(250g×2) 2100円　冷蔵
●注文方法／TEL、FAX
※支払い方法は代金引換、銀行振込

●久米商店(くめしょうてん)
〒064-0809　北海道札幌市中央区南9条西4丁目
tel: 011-521-2305　fax: 011-521-2309
http: //www.kumeshoten.com

北国の大地が育てた
力強く充実した味

グリーン＆ホワイトアスパラガス

【樅の木倶楽部】

●価格／１箱（ホワイト、グリーン各 500 g）
3600 円 (送料込み)
冷蔵
●注文方法／ TEL、公式 HP
※支払い方法は代金引換、郵便振替、銀行振込
(5/20 ～ 6/20 まで発送)

●樅の木倶楽部 (もみのきくらぶ)

〒 070-0823　北海道旭川市
緑町 18 丁目 3037-32
tel: 0166-50-3636　fax: 0166-55-5519
http://www.organicfood.co.jp/

初夏に、北海道の知人からグリーンアスパラガスをいただいて、正直“アスパラってこんなにおいしいんだわ”と思ったことがあります。北海道中部の美瑛町に直営農場がある「**樅の木倶楽部**」のアスパラガスは、冬の寒さが厳しかった今年、グリーンが５月末、ホワイトは６月初めに、やっと出荷ができると知り、さっそく取り寄せると、とにかく鮮度抜群。私はいつもそうするように根元のほうだけ薄く皮をむいてゆで、ぱらぱらっと塩をふっただけで、甘みのある、充実した北国の初夏の味を楽しみました。肥沃な大地でしっかりと育った食材が持つ力を感じました。

生のラム肉とたれのセットで
北海道の自然を感じるジンギスカンに

生ラム

【千歳ラム工房】

焼きとうもろこし、さけのチャンチャン焼き、ジンギスカンなどは、いかにも北海道らしいと感じる食べ物ですね。これらには“戸外で食べたい”という共通のイメージがあるのでは。私も札幌郊外の緑の中で味わったジンギスカンを、景色のよさにつられてか、一段とおいしく感じました。この『**生ラム**』と添付のたれで作るジンギスカンは肉はオーストラリア産なのですが、「千歳市観光土産推奨品」にもなっているだけあって、かつて味わった北海道の自然が感じられます。くせがなく、柔らかく、たっぷりの野菜と一緒につい食べすぎてしまいそうです。

●価格／１箱(400g) 1365円　冷蔵
●注文方法／TEL、FAX、公式HP
※支払い方法は代金引換、銀行振込、カード払い

●千歳ラム工房（ちとせらむこうぼう）
〒066-0019　北海道千歳市
流通３丁目２－９
tel: 0123-23-7617　fax:0123-22-2132
http://www.29yamamoto.jp/

近代酪農のパイオニアのひとりが
大正時代に始めた農場の製品

特製バター

【まちむら農場】

私は朝食においしいバターとジャムをたっぷり塗ったイギリスパンがあれば、ご機嫌。バターはいろいろなメーカーのものを使いますが、つい最近知った「**まちむら農場**」の『**特製バター**』は、軽やかな風味と控えめな塩分が気に入りました。江別市の広大な耕地で飼育している400頭近い乳牛から、さまざまな乳製品を作っているこの農場のびん入り牛乳も飲んでみたいですね。

●価格／1個(200g) 1000円　冷蔵
●注文方法／TEL、FAX、公式HP
※支払い方法は代金引換、郵便振替、銀行振込、カード払い

●まちむら農場(まちむらのうじょう)
〒067-0055　北海道江別市篠津183
tel: 011-382-2155　fax: 011-383-9775
http: //www.machimura.co.jp/

十勝開拓の祖が詠んだ句が
お菓子の名前になった

ひとつ鍋

【六花亭】

和風も洋風も、レベルの高い「**六花亭**」のお菓子は、ネーミングがユニークなことも魅力です。この鍋の形をした最中『**ひとつ鍋**』も、明治時代の十勝開拓の祖といわれる依田勉三が、当時詠んだ“開墾のはじめは豚とひとつ鍋”から取ったのだそうです。小倉あん、こしあん、大福あんの3種類で、いずれも小さなおもちが2個入っているのが、おもち好きには楽しみ。

●価格／1箱12個入り1260円(6～24個入りあり)
●注文方法／TEL、FAX、公式HP
※支払い方法は代金引換、カード払い

●六花亭(ろっかてい)
〒080-2496　北海道帯広市
西24条北1丁目3-19
tel:0120-012-666　fax: 0120-504-666
http: //www.rokkatei.co.jp

祈りと労働の日々から生まれた
心安らぐ味

トラピストクッキー　バター飴

【トラピスト修道院製酪工場】

子供たちがまだ幼かった頃、というと半世紀も前のことです。当時、北海道のおみやげに、ときどきいただいていた函館近郊の「**トラピスト修道院**」の『**トラピストクッキー**』や『**バター飴**』は、西洋のハイカラな香りを運んでくれるお菓子でした。時が流れ、バターやミルク、卵などを贅沢に使ったお菓子があふれる今、「**トラピスト修道院**」のお菓子を口にすると、心が安らぐようなほっとした気持ちになります。明治時代、フランスから来日した修道士たちが設立した修道会で、祈りと労働の日々から生まれたこれらのお菓子は、誰もが安心して食べられる優しさが感じられます。

●価格／トラピストクッキー　1箱12袋入り458円ほか
トラピストバター飴　大1袋(180g) 275円ほか
●注文方法／TEL、FAX
※支払い方法は郵便振替、銀行振込

●トラピスト修道院製酪工場
(とらぴすとしゅうどういんせいらくこうじょう)
〒049-0283　北海道北斗市三ツ石392
tel: 0138-75-2108　fax:0138-75-2370

東北

東北地方の地図を見ると、背骨のように南北を貫いている奥羽山脈が目に飛び込みます。じつは東北といっても、この山の連なりの東と西では気候から産業まで違ってきます。

まず太平洋側になる東側は、仙台平野を除けば、出入りの多い海岸に山が迫る風景が続きます。この地形からもわかるように、こちらは漁業が盛ん。特に三陸海岸の近海には、北海道から流れ込む寒流の千島海流と、北上する暖流の日本海流が合流する潮境があり、その漁場は魚の種類も量も日本のトップクラス。水揚げ高も大きく、宮城県がまぐろで日本一、岩手県と宮城県の漁港がさんまで日本の２位と３位を占めるほどです。また、波の静かな入り江を利用した養殖も盛んで、帆立て貝やかき、さけ、おもにヒレを利用するふかなど、その種類も量も群を抜いています。

対して、日本海側は海岸線がなだらかで漁港には向かないものの、いくつもの平野が開けています。こうした地形や、雪は深くても近海を暖流の対馬海流が流れ、夏には太平洋側より気温が高くなるといった気候を利用して、米づくりや果物の栽培に力が注がれてきました。その努力が秋田の米や山形のさくらんぼ、青森のりんごといった日本を代表する秀作に結実したのですが、そこまでの道のりは決して平坦なものではありませんでした。東北の人ならではの粘り強い研究と栽培努力のたまものといえるでしょう。

　この東西を問わず、東北地方の暮らしには、昔から長い冬や寒冷な気候をのりきるための知恵と工夫が凝らされてきました。秋田のいぶりがっこを代表とする保存食もそうですし、会津の漆器や岩手の南部鉄などの特産品作りも、冷害で農作物が被害を受けてもしのいでいけるように行われてきたものです。この伝統が受け継がれ、東北地方では今も名産品が次々と生まれています。青森のにんにくやりんご製品、米沢牛や岩手の短角牛、秋田の地鶏などなど。仙台の牛タンを進取の気性に富んでいた伊達政宗が見たら「さすが、わしの藩」とうなったかもしれません。

東北地方

お取り寄せ

厳しい寒冷の気候をのりきるために
先人の知恵と工夫が凝縮された
保存食が多く受け継がれている東北地方。
そのいっぽうで豊かな漁場で育まれた魚介や
果物などの新鮮な食材も見逃せません。

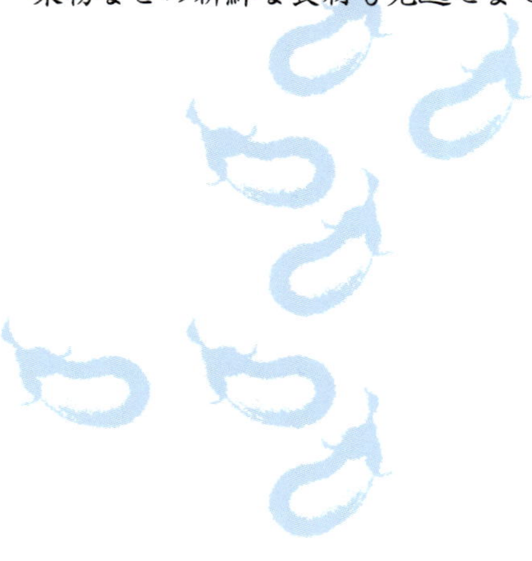

青森

にんにく
にんにこちゃん
にんにく乾燥スライス
あんこうのともあえ
わかさぎ筏焼
八戸いかご飯
森田りんごジュース
薄紅

秋田

きりたんぽ鍋
比内地鶏正肉セット
比内地鶏スープ
いぶりがっこ
いぶりにんじん
さなづら

山形

月山漬
とんがらすだいご
民田茄子のからし漬
白露ふうき豆

岩手

いわて短角和牛
真崎わかめ
ごま摺り団子

宮城

笹かまぼこ
かき土手鍋セット
かきグラタン
仙台駄菓子

福島

うに貝焼き
紅葉漬
鰊山椒漬
青ばとかご寄せ豆腐
小法師
家伝ゆべし

全国に認められた品質のよさを生かして
加工品もいろいろ

にんにく　にんにこちゃん　にんにく乾燥スライス

【JA 田子町】

最近、とみに有名な青森にんにく。特に、県最南端の田子町の田子にんにくは、地場産業として発展を続けています。きっかけは、安価な中国産にんにくの出現。これに太刀打ちするには、選果の基準を厳しくするしかないとの姿勢を貫いた結果、粒揃いの品質のよいものが栽培、出荷されるようになったのです。「**JA 田子町**」では生はもちろん、梅がつお、みそなどに漬け込んだ『**にんにこちゃん**』、トッピングや手軽な調味料替わりに便利な『**にんにく乾燥スライス**』、食後の臭いが気にならないたっこにんにくを使用した『**ドクターサカイガーリック**』などもあります。

●価格／にんにく (L サイズ)15 個 2800 円
にんにこちゃん 1 びん (200g) 各 525 円
にんにく乾燥スライス 1 袋 25g 210 円
●注文方法／ TEL、FAX、公式 HP
※支払い方法は代金引換

● JA 田子町 (じぇいえいたっこまち)
〒 039-0201　青森県三戸郡田子町
大字田子字天神堂平 76
tel: 0179-20-7215　fax: 0179-20-7216
http://www.ja-takko.or.jp/

酒客に喜ばれる珍味は
津軽地方の郷土料理

あんこうのともあえ

【大豊】

あんこうの歯ごたえのある身、ぷるぷるした皮などを、みそを混ぜた肝であえたのが『**あんこうのともあえ**』。青森の津軽地方の郷土料理として親しまれているものですが、それが手軽に味わえるのはうれしいですね。薄味で、保存料なども使わないために冷凍で届きます。“もどしたら早めに食べなくては”と気にするまでもなく、酒客にお出しすると、すぐ売れてしまいます。

●価格／1箱(300g×2)4200円　冷凍
●注文方法／TEL、FAX
※支払い方法は代金引換

●大豊(たいほう)
〒030-0137　青森県青森市卸町11-4
tel: 017-738-9226　fax: 017-738-9307

淡水と海水の混じり合う汽水湖の
小川原湖産のわかさぎを使って

わかさぎ筏《いかだ》焼

【進藤水産】

しょうゆだれで焼き上げた『**わかさぎ筏焼**』は、かすかなほろ苦さのある香ばしい風味のよさもさることながら、見た目の繊細さにいつも目を奪われます。季節によって多少の差はありますが、ここまで大きさの揃った小ぶりのものを串刺しにするのは、どれほど手間のかかることでしょう。県内の太平洋に面した汽水湖の小川原湖でとれる良質なわかさぎだけを使っているとのことです。

●価格／1箱14串入り1050円ほか
●注文方法／TEL、FAX
※購入方法は代金引換

●進藤水産(しんどうすいさん)
〒039-2407　青森県上北郡東北町
旭南2丁目31-708
tel: 0176-56-2701　fax: 0176-56-5366

いかの大きさは２種類だが
どちらも中のご飯はうにとあわび入り

八戸いかご飯

【味の海翁堂】

北海道の森駅の駅弁で有名になったいかめしは、いかの漁獲量が多い青森でもおなじみの料理。私も何回か作ったことがありますが、結構、手がかかるうえ、ご飯を詰めすぎたりした失敗もしました。ですから、私にとっては、おいしいものがあれば、買ったほうがよいと思うもののひとつ。**『八戸いかご飯』**は、ちょっと贅沢に、うにとあわびを炊き込んだご飯を詰めています。常温でも日もちするので、外国暮らしの知人に送って喜ばれたこともあります。食べるときは、表示どおりにきちんとゆでるようにしましょう。せっかちな私は、つい時間前に取り出したくなりますが。

●価格／大１尾 945 円 小２尾 525 円 (税別)
●注文方法／ TEL、FAX
※支払い方法は代金引換

●味の海翁堂 (あじのかいおうどう)

〒 031-0842　青森県八戸市岬台４丁目 1-1

tel: 0178-33-7623　fax: 0178-34-2959

4種類の品種をブレンドした
りんごそのものの味

森田りんごジュース

【JAつがる】

青森はりんごの大生産地。きっとおいしいりんごジュースもあるはず、と探したところ、何種類もの候補があがり、飲み比べてみて、この『森田りんごジュース』を選びました。ふじ、王林、つがる、ジョナゴールドの4種類のブレンド。りんごの甘みだけですが、酸味とのバランスがよく、すっきりとした飲み口です。寒天やゼリーで固めてヘルシーデザートにもよいですね。

●価格／びん入り6本セット (720ml × 6) 2200円
缶入り30本セット (195g × 30) 2200円ほか
●注文方法／ TEL、FAX
※支払い方法は代金引換

●JAつがる(じぇいえいつがる)

〒038-2815　青森県つがる市
森田町山田滝元9-8
tel: 0173-26-2595　fax: 0173-26-2597

りんごの原点、紅玉を使った
懐かしい味のアップルグラッセ

薄紅

【おきな屋】

“うすくれない” という優しい響きの名前に似つかわしい、清楚な雰囲気のお菓子。輪切りにした紅玉を砂糖煮にして、ゆっくり乾燥させて仕上げに粉砂糖をまぶす、という作り方で、りんごの風味をそのまま生かしています。私の世代ではりんごといえば、まず紅玉でしたから、いかにもりんごらしい甘ずっぱさが懐かしく、つい手が伸びてしまいます。

●価格／1箱12枚入り2100円ほか
●注文方法／ TEL、FAX
※支払い方法は代金引換

●おきな屋(おきなや)

〒030-0964　青森県青森市南佃1丁目18-15
tel: 0120-42-1430　fax: 0120-42-1433

ヘルシーステーキを味わいたい人に
ぴったりの牛肉

いわて短角和牛

【岩泉産業開発】

私自身は、肉の脂肪が好きですが、現代は、ステーキを食べるにしても、高級といわれるサーロインのような脂肪たっぷりの牛肉ではない選択肢も、あってよいと思います。ほどほどの脂肪で赤身のおいしさが味わえる『**いわて短角和牛**』はこのような人におすすめできる牛肉です。地元で“赤べこ”と親しまれ、かつては荷役に使われていた南部牛を、欧米牛との交配を重ねて和牛品種に改良したもので、“夏山冬里”という、春から秋までは大自然の中で牧草を食べさせて育てるのが特徴。肉は、すき焼きやしゃぶしゃぶ用などもあり、月１回のカット後に冷蔵で発送するとのこと。

●価格／ロース１枚（200g 前後）1400 円
●注文方法／ TEL、FAX
※支払い方法は代金引換、郵便振替

冷蔵

●岩泉産業開発（いわいずみさんぎょうかいはつ）
〒 027-0502　岩手県下閉伊郡
岩泉町乙茂字乙茂 90-1
tel: 0194-22-4434　fax: 0194-22-3174

三陸の荒海で育った
春一番限定の健康食材

真崎わかめ

【田老町漁業協同組合】

わかめの旬は早春、そしてその生のものは褐色で、ふだん目にしている塩蔵や乾燥のものとは別物のように長くて幅が広く、肉厚。さっと湯通しすると、鮮やかな暗緑色になり、磯の香りと歯ごたえが楽しめます。生は1月下旬から2月いっぱいの限定。日もちしないので、私は、しゃぶしゃぶなどで、たっぷりいただきます。このわかめを塩蔵したものは1年中あります。

●価格／早どり生わかめ 20 本 2500 円 (送料込み)、塩蔵わかめ 1 袋 (500g) 945 円ほか
●注文方法／ TEL、FAX
※支払い方法は代金引換、郵便振替

●田老町漁業協同組合
（たろうちょうぎょぎょうきょうどうくみあい）

〒 027-0323　岩手県宮古市田老字野原 94

tel: 0120-87-4547　fax:0193-87-3719

中身の黒ごまのみつが
飛び出さないよう、ひと口でどうぞ

ごま摺り団子

【松栄堂】

初めてこのお菓子に出会ったときは、結構、感激しました。もっちりとしたお団子と、すった黒ごまのみつとのコンビネーションが絶妙で、なんでもすぐ忘れる私でも、一度聞いたら忘れられない楽しい名前も印象的でした。冷凍で届くので、自然解凍して食べますが、口が小さい私 (本当です) にも、ひと口でいただける小ぶりサイズがうれしいですね。

●価格／ 1 箱 12 個入り 525 円から　冷凍
●注文方法／ TEL、公式 HP
※支払い方法は代金引換、銀行振込

●松栄堂 (しょうえいどう)

〒 021-0026　岩手県一関市山目前田 103

tel: 0120-23-5008　fax: 0191-23-3151

http: //www.shoeidoh.co.jp/

高級魚のきちじを
ふんだんに使った上質の味

笹かまぼこ

【白謙かまぼこ店】

仙台の名産品といえば、すぐ思い浮かぶのが、笹かまの名でおなじみの、笹の葉の形をした焼きかまぼこでしょう。笹の形は、仙台藩主、伊達家の竹に雀の家紋にちなんでいるとか。伝統ある名産品ですから、多くの店で作られていますが、私は「**白謙かまぼこ店**」のものが気に入っています。口に入れたときはふんわり、しかし歯ごたえはぷりぷり。塩加減もほどよいですね。材料には、石巻で水揚げされるきちじをふんだんに使うそうです。きちじはきんきとも呼ばれる白身の高級魚。食べやすいミニサイズ、若い方に喜ばれそうなチーズ入りなどもあります。

●価格／特上笹かまぼこ 1 枚 158 円、ミニ笹かまぼこ 1 枚 63 円、ミニ笹かまぼこ（チーズ入りなど）1 枚各 74 円

冷蔵

●注文方法／TEL、FAX、公式 HP

※支払い方法は代金引換、郵便振込、銀行振込

●白謙かまぼこ店（しらけんかまぼこてん）

〒 986-0824　宮城県石巻市

立町 2 丁目 4-29

tel: 0120-20-1842　fax: 0225-94-5800

http://www.shiraken.co.jp/

かき専門の老舗の味が
手軽に楽しめる

レストランの味、
グラタンもおすすめ

かき土手鍋セット

垂下式というかきの養殖法を確立した私の父は、石巻が仕事の場だったので、仙台は私にとってもなじみの土地。子供の頃、姉や弟妹たちと、夏休みに遊びにいったりもしました。もちろんかきは大好物で、とりわけ、かき鍋が好き。子供の頃から名前をよく聞いていたかき料理の専門店「**仙台 かき徳**」の『**かき土手鍋セット**』は、粒よりのかき、味のバランスが絶妙の合わせみそから、野菜などの具までが一式が揃います。かきのシーズンの 10 ～ 3 月までの限定品。

かきグラタン

「**仙台 かき徳**」では生がきはもちろんですが、『かき土手鍋セット』以外にもさまざまなかきの調理品の取り寄せができます。その中でもおすすめしたいのがグラタン。チーズ味とみそ味の 2 種類があり、焼き皿ごと真空パックされているので、電子レンジで温めるだけ。ホワイトソースの味もよく、手間ひまかけずにレストランの味が充分楽しめます。

【仙台 かき徳】

かき土手鍋セット
●価格／2 ～ 3 人前 5040 円　冷蔵

かきグラタン
●価格／チーズ・みそ 1 個 630 円　冷蔵

●注文方法／ TEL、FAX、公式 HP
※支払い方法は代金引換

●仙台 かき徳 (せんだいかきとく)
〒 980-0811　宮城県仙台市
青葉区一番町 4 丁目 9-1
tel: 022-222-0785　fax: 022-265-3898
http://www.kakitoku.co.jp/

宮城

駄菓子などといっては
申し訳ない味とできばえ

仙台駄菓子

【石橋屋】

元禄時代、塩釜に漂着した南京人が伝えたといわれる仙台の駄菓子。その原点になった「**石橋屋**」は老舗らしい風情ある建物で、敷地内には資料館もあり、先代の伝統を守るために作った紙粘土の駄菓子の模型が展示されています。

写真でご覧のように、駄菓子とはいっても、見事なできばえで、大人も満足のバラエティーに富んだ味。それぞれに『**きなこねじり**』、『**青葉しぐれ**』、『**輪南京**』などの名前がついていて、ひとつずつ味わいながら納得しますが、私がまず手を伸ばすのは、黒砂糖味が懐かしい『**黒パン**』ですね。詰め合わせでなく、種類別にも買えます。

●価格／竹かご詰め合わせ 3990 円ほか
●注文方法／ TEL、FAX
※支払い方法は代金引換、銀行振込

●石橋屋（いしばしや）
〒 984-0806　宮城県仙台市若林区舟丁 63
tel: 022-222-5415　fax: 022-261-7784

主役のきりたんぽは、
かつては山人たちの携帯食だったという

きりたんぽ鍋

【濱乃家】

秋田名物『**きりたんぽ鍋**』を本場で食べたのは10年くらい前。仕事で訪れた市内のホテルででした。格式ある料亭の「**濱乃家**」の出店だけあって、私が東京の郷土料理店で知っていたものとは格段の差があるおいしさ。なにより、食べ終わるまで、きりたんぽがくずれないのが気に入りました。取り寄せの『**きりたんぽ鍋**』も同様。比内地鶏、まいたけ、ごぼうなどもたっぷりで、ボリュームも満点。きりたんぽは秋田杉の棒につぶしたご飯を巻いて焼きますが、杉には防腐作用があり、焼けば日もちするので、昔は木こりやまたぎなどの携帯食だったというのもうなずけます。

●価格／1セット3人前8190円ほか　冷蔵
●注文方法／TEL、FAX、公式HP
※支払い方法は代金引換、銀行振込、郵便振替、カード払い
※賞味期限発送日含め2日間

●濱乃家(はまのや)
〒010-0921　秋田県秋田市大町4丁目2-11
tel: 0120-26-6612　fax: 018-864-5878
http://www.hamanoya.co.jp/

秋田

しっかりとした歯ごたえと
滋味あふれるうまみが味わえる鶏肉

比内地鶏正肉セット　比内地鶏スープ

【JA あきた北央】

きりたんぽ鍋にも欠かせない比内地鶏は、日本三大食鶏のひとつで、伝統といい、味といい、折り紙つき。食用にするため、天然記念物の比内鶏を父方に、在来種を母方に交配したもので、品質維持に飼育農家は厳しいマニュアルをクリアーしているそうです。堅く感じるほどの歯ごたえが心地よく、こくのある味が特徴。『**比内地鶏正肉セット**』は正肉のほかに、モツや腹卵、骨ごとのミンチまで、１羽分の比内地鶏が入っています。私は、皮も脂もいただきます。また、この比内地鶏を使った『**比内地鶏スープ**』も、すっきりとしたよい味。具を加えてスープに、鍋物や煮物のだしに重宝します。

●価格／比内地鶏正肉セット 3000 円、比内地鶏スープセット (300g × 6P) 3000 円 (送料込み)
●注文方法／ TEL、FAX
※支払い方法は代金引換

冷蔵

● JA あきた北央 (じぇいえいあきたほくおう)

〒 018-4211　秋田県北秋田市
川井字漣岱 72

tel: 0186-78-4225　fax: 0186-78-4114

http: //www.kumagera.ne.jp/jahokuo1/

かつてはいろりの煙でいぶした
北国の風土が産んだ大根の漬け物

いぶりがっこ　いぶりにんじん

【桜食品農事組合法人】

漬け物の塩分もずいぶん薄くなった、と久しぶりに『**いぶりがっこ**』を味わっての実感。この秋田の特産品は、秋に収穫した大根を干す間もなく雪に見舞われた風土から生まれた漬け物。ぬか漬け大根をいろりの上につるし、いぶしながら乾燥させたのです。もちろん、現在は専用の燻製場で作りますが、独特の風味とぱりぱりとした食感はそのまま。私は今風のにんじんも好きです。

●価格／いぶりがっこ L1 本 500 円 、いぶりがっこ薄切り 350 円、いぶりがっこ（一口）350 円
いぶりにんじん 350 円
●注文方法／ TEL、FAX、公式 HP
※支払い方法は代金引換、郵便振替

●桜食品農事組合法人（さくらしょくひんのうじくみあいほうじん）
〒 019-2512　秋田県大仙市協和稲沢字本郷野 57
tel: 018-894-2147　fax: 018-894-2167
http: //sakuragakko.com/

美しい色と甘ずっぱい味が
優雅な女性のイメージ

さなづら

【菓子舗榮太楼】

『**さなづら**』という優しい響きは秋田地方の方言で山ぶどうのこと、と知ったのは雑誌の編集長時代。自生の山ぶどうを数年の歳月をかけて熟成させ、その液に寒天を加えて、ゼリー状に仕上げたお菓子です。料理研究家の鈴木登紀子先生が、よく、この『**さなづら**』を細く切って結び、焼き魚に添えていらっしゃいましたが、こんな使い方も素敵ですね。

●価格／ 1 箱 12 枚入り 1050 円ほか
●注文方法／ TEL、FAX、公式 HP
※支払い方法は代金引換

●菓子舗榮太楼（かしほえいたろう）
〒 010-0967　秋田県秋田市高陽幸町 9-11
tel: 018-863-6133　fax: 018-863-1858
http: //www.eitaro.net/

月山の大地の恵みを
フレッシュ感のある漬け物に

月山漬　とんがらすだいご

【月山漬物】

山形県の月山は山菜の宝庫。長い冬から解放されて沢に雪解け水が流れる頃から、みず、ぜんまい、わらび、山うど、ふき、月山竹などが次々と姿を現します。「**月山漬物**」では、都会の人たちにもこうした春の山菜や秋のきのこなどの豊かな月山の恵みを楽しんでもらいたいと、さまざまな漬け物を作っています。私は知人からいただいて、漬け物に抱いていたイメージとは違う、フレッシュ感のある風味に感激しました。山菜を単品で漬けたもののほか、山菜と野菜を数種類ずつしょうゆに漬けた『**月山漬**』や、唐辛子をきかせた大根の『**とんがらすだいご**』などもあります。

●価格／月山漬・とんがらすだいごとも１パック 315 円
●注文方法／ TEL、FAX
※支払い方法は代金引換

●月山漬物 (がっさんつけもの)
〒 990-0721　山形県西村山郡
西川町大字大井沢 3955-2
tel: 0237-76-2155　fax: 0237-76-2160

まろやかな辛みが特徴の
庄内地方に伝わる小なすの漬け物

民田茄子のからし漬

【月山パイロットファーム】

民田なすは、山形県、庄内地方の鶴岡市周辺で、夏の盛りにごく小粒のうちに収穫される漬け物用の小なす。これを塩漬け後、酒粕で塩抜きし、辛子と砂糖と酒粕で本漬けしたのが『**民田茄子のからし漬**』。芥子色をした、涙が出るほど辛い芥子なすとは、ひと味違うまろやかな風味が特徴です。この漬け物をいただくと、小なすの芥子漬けが好きだった夫を思い出します。

●価格／1パック(300g) 525円　冷蔵
●注文方法／TEL、FAX
※支払い方法は郵便振替

●月山パイロットファーム(がっさんぱいろっとふぁーむ)
〒999-7634　山形県鶴岡市三和字堂地60
tel: 0235-64-4791　fax: 0235-64-2089

味わうたびに
感激してしまうおいしさ

白露ふうき豆

【山田家】

青えんどうを甘く煮ただけなのに、『**白露ふうき豆**』のおいしさには、いつも感激します。もともと私は、豆ご飯や、えんどう豆の甘煮、グリーンピースのポタージュなど、独特の香りとうまみのある青えんどうが大好き。この青えんどう豆のお菓子は、その風味が、そのままというよりさらに濃くなった感じですね。箱の中でくずれたものも茶巾絞りにして、最後まで味わいます。

●価格／1箱(580g) 1000円ほか
●注文方法／FAX、郵便
※支払い方法は郵便振替

●山田家(やまだや)
〒990-0043　山形県山形市本町1丁目7-30
tel: 023-622-6998　fax: 023-622-6668

人に差し上げると間違いなく
感激される季節の味

うに貝焼き

【丸市屋】

うには、おすし屋でも、子供からお年寄りまで、みんなが好きな人気のネタ。うにの種類は世界中では900はあると聞きますが、日本近海でとれるのは“紫うに”、“馬ふんうに”など4種類くらいで、それぞれに旬の時期が異なります。私の好きな“紫うに”は初夏から夏が旬。いわきの「**丸市屋**」では、5月から7月の間、とったばかりの生うにを、ほっき貝の殻に4～5個ずつ、盛り上がるくらいに詰めて蒸し焼きにした『**うに貝焼き**』を作ります。生うによりも凝縮されたうまみに、私は初めて食べて以来やみつきに…。そのままでも、グリルなどでちょっと焼き目をつけてもよいですね。

冷蔵

●価格／1個(80g) 2100円、2個(箱入り) 4310円ほか
●注文方法／TEL、FAX、公式HP
※支払い方法は代金引換、郵便振替、銀行振込

●丸市屋(まるいちや)

〒970-8026　福島県いわき市
平字4丁目4
tel: 0246-22-0182　fax: 0246-22-0901
http://www.maruichiya.com

白ワインにも合う
阿武隈川流域の江戸時代からの味

紅葉漬

【福島紅葉漬】

生ざけとその子のイクラを麹に漬けた『**紅葉漬**』。県内の阿武隈川流域で、秋に群れをなして遡上してきたさけを保存するために、江戸時代に生まれたものです。ほんのり甘い麹に包まれた、ソフトな生のさけとぷちぷちとしたイクラの食感からも、保存食というより、ちょっと贅沢な珍味。私は、ときには、かりっと焼いたフランスパンにのせて、白ワインで味わったりもします。

●価格／1箱(165g×2)1575円ほか　冷凍（夏のみ）
●注文方法／TEL、FAX
※支払い方法は代金引換、郵便振替

●福島紅葉漬(ふくしまこうようづけ)

〒960-0729　福島県伊達市梁川町希望が丘10

tel: 0120-02-0658　fax: 024-577-2546

さっとあぶるといっそうおいしい
会津に伝わる家庭の保存食

鰊山椒漬

【会津二丸屋】

会津には本郷焼きという窯があり、にしん鉢という長方形の深鉢が有名です。この鉢は、もともとは、山椒の若葉(木の芽)と身欠きにしんを、交互にしょうゆ酢で漬け込むためのもの。若い世代には、なじみが薄くなった身欠きにしんですが、「会津二丸屋」の『**鰊山椒漬**』は、ポン酢じょうゆに漬けたフレッシュな味。伝え続けたい素朴な会津地方の食べ物ですね。さっとあぶってどうぞ。

●価格／1パック(500g)3150円ほか　冷蔵
●注文方法／TEL、FAX
※支払い方法は代金引換

●会津二丸屋(あいづにまるや)

〒965-0853　福島県会津若松市
材木町2丁目8-18

tel: 0242-28-1208　fax: 0242-28-6938

福島

奥会津の 100 年天然水と
枝豆 100% で作る存在感のある豆腐

青ばとかご寄せ豆腐

【玉梨とうふ茶屋】

“おいしい豆腐の陰に名水あり”。当たり前のことですが、『**青ばとかご寄せ豆腐**』の場合は「**玉梨とうふ茶屋**」にたどり着いた、奥会津の高森山からの 100 年天然水が使われています。

知人からいただいて、まずビックリしたのが、ずっしりとした重みと大きさ。そして、ふわふわとした豆腐に慣れている人には、少し堅いともいえるほどの食感と、原料の枝豆のよい香り、しっかりとした味。大きさばかりでなく、実に存在感のある豆腐です。いろいろな薬味を用意して、食卓にどんと置き、おおぜいでにぎやかに食べると、いっそうおいしいでしょう。

●価格／ 1 パック (750g) 2100 円　冷蔵
●注文方法／ TEL、FAX、郵便、公式 HP
※支払い方法は代金引換、銀行振込

●玉梨とうふ茶屋 (たまなしとうふちゃや)
〒 968-0014　福島県大沼郡
金山町玉梨 363
tel: 0241-54-2743　fax: 0241-54-2120
http://aobato.jp/

初市の縁起ものにちなんだ
会津若松の愛らしいお菓子

小法師

【会津葵】

会津若松では300年も前から1月10日に初市が開かれ、三つの縁起ものが並ぶそうです。そのひとつの起き上がり小法師にちなんで作られたのが『**小法師**』。石衣に包まれた小豆あんと白小豆あんの2種類があり、その愛らしい風情に、思わずほほえみを誘われます。小箱には本物の起き上がり小法師もひとつ入っていて、ころがして遊んでみたり。おいしくて楽しいお菓子です。

●価格／1箱15個入り903円
●注文方法／TEL、FAX、公式HP
※支払い方法は代金引換、郵便振替

●会津葵(あいづあおい)

〒965-0873　福島県会津若松市追手町4丁目-18
tel: 0120-26-7010　fax: 0242-26-8999
http: //aizuaoi.com

三春の地に脈々と伝わる
鶴の形に見立てたお菓子

家伝ゆべし

【かんのや】

我が家では長女がゆべし好きですが、全国にはいろいろなゆべしがありますね。三春の地に1600年代創業の「**かんのや**」の『**家伝ゆべし**』は羽を広げた鶴に見立てた形が印象的。三春を平定した坂上田村麻呂が丹頂鶴に育てられたという故事に由来すると聞きます。独特な生地と、滑らかなこしあんとの絶妙なハーモニーは、脈々と伝わる秘伝の味ですよね。

●価格／1箱12個入り1050円ほか
●注文方法／TEL、FAX、公式HP
※支払い方法は代金引換、郵便振替、銀行振込、カード払いなど

●かんのや

〒963-0911　福島県郡山市西田町大田字宮木田3
tel: 0120-040-141　fax: 0247-62-2590
http: //www.kannoya.co.jp/

関東

関東地方の特徴は広い平野があることと、人口の多さでしょう。どちらも日本一で、人口は１都６県を合計するとなんと4000万人を超します。これは日本の全人口の３分の１にあたります。なるほど都市化が進むわけです。でも、農業や漁業も意外に健闘しており、東京23区や横浜、川崎、千葉、さいたま、大宮などの大都市を除けば、野菜や果樹、米の栽培が盛んに行われ、水揚げ高が大きい港がいくつもあります。

その関東の農業の歴史は、江戸に幕府が置かれたことに端を発します。人口が増加するにつれ、人々の食を支えるために近郊で耕作地が次第に広がっていきました。江戸時代、埼玉県あたりは江戸の穀倉と呼ばれ、水田も多かったようですが、現在は畑作が主流です。

代表的な農産物として千葉県は落花生、埼玉県はブロッコリー、茨城県はれんこん、白菜、ごぼう、栗、露地メロン、栃木県はいちご、群馬県は生しいたけ、キャベツ、そして東京は小松菜があがります。驚くことに、いずれも生産量は日本一。

「関東地方の風土と食」

巨大消費地の東京の市場には全国から生鮮食品が届きますが、野菜は関東産が目立って多いのが特徴。鮮度が求められる野菜は近場のものがいちばんなのでしょう。生産量が多いのは需要に応じた結果なのです。漁業も活気があります。神奈川県の三崎港は遠洋漁業の拠点で、まぐろの漁港として全国的にも知られた存在。千葉県の銚子港は漁獲高では日本第３位。昔からいわしがよくとれ、その保存法として生まれたのが今も名物のいわしのごま漬けというわけです。

かつては東京湾でも、あなご、たこ、はぜ、芝えびなどの天ぷらやすしのネタになる魚介が豊富に揚がり、のり、はまぐり、あさりなどの養殖も盛んに行われていました。東京の大森に乾物屋が多かったり、東京名物として浅草のりの名前があがるのはその名残です。佃島発祥の佃煮もそのひとつ。佃島は徳川家康が大坂の佃から漁民を移り住まわせた町で、漁民が東京湾でとれた魚や昆布を保存するために、しょうゆで煮たことが始まりです。

関東地方 お取り寄せ

日本各地から食材が集まり、
都市化がますます進むイメージがありますが、
じつは農業も漁業も意外に健闘している関東。
全国に誇る、生産量も収穫量も豊富な
各県の“食遺産”をぜひ取り寄せてください。

栃木

古印最中
天然子持ち焼あゆ
天然鮎ひらき
うなぎ宴

群馬

花いんげん味付　焼まんじゅう

茨城

天狗納豆　さしみこんにゃく

埼玉

沖の石　甘藷納豆
黒糖松葉　切り芋

千葉

鯛の上総蒸し
いわしの胡麻漬
鯨のたれ
さや煎落花生
千葉のかほり
ぬれ煎餅

東京

平やきのり
あさり佃煮
牛肉すきやきのつくだ煮
くさや
芝崎納豆
七味唐辛子
人形焼
丹波黒豆甘納豆

神奈川

三崎のまぐろづくし
超特撰蒲鉾「冨士」
蜂蜜
しそ巻梅干
梅の香
鳩サブレー

明治 22 年の水戸駅開業に合わせて
売り出されたわらづと包みの納豆

天狗納豆

【笹沼五郎商店】

納豆は西の人はあまり食べない、といったのは昔のことで、最近は全国区になりました。体によいからと、毎日食べる人も多いですね。我が家でも冷蔵庫に必ず入っています。

納豆は関東では水戸が有名。歴史も古く、水戸黄門は兵糧食として、梅干しとともに製造を推奨したと伝えられています。老舗「**笹沼五郎商店**」の『**天狗納豆**』は私の好みに合う小粒。昔ながらのわらづと包みが人気です。もともと、茨城の那珂川流域が早生種の小粒大豆の産地だったのが、水戸納豆の歴史を培ってきたのでしょう。小粒はあえ物に使うのにも向いています。

●価格／ 1 本 (70g たれ・からし付き) 160 円
／ 1 束 (70g × 5 からし付き) 735 円
冷蔵
●注文方法／ TEL、FAX、公式 HP
※支払い方法は代金引換、郵便振替、銀行振込、カード払い

●笹沼五郎商店 (ささぬまごろうしょうてん)
〒 310-0011 茨城県水戸市
三の丸 3 丁目 4-30
tel: 029-225-2121 fax: 029-225-2287
http://www.tengunatto.jp/

食欲を誘うつるんとした食感を
甘めの酢みそで食べるのが好き

さしみこんにゃく

【高村こんにゃく】

エネルギーがほとんどなく、食物繊維の豊富なこんにゃくは、ヘルシー食品としても人気。ご存じのように、東南アジア原産のこんにゃくいもが原料で、その製法は中国から伝えられました。現在では日本でしか食べられていません。こんにゃくいもの産地は、群馬県の下仁田や茨城県の久慈が知られています。「**高村こんにゃく**」はこの奥久慈で育ったこんにゃくいもを原料にして、いろいろなこんにゃくを製造販売しています。我が家では、一緒に暮らしている三女が、ここの『**さしみこんにゃく**』が好きで、食卓にときどき登場します。私は酢みそのたれで食べるのが好きです。

●価格／詰め合わせ1パック(白・青のり・唐辛子の3色各150g×3) 400円／単品1パック(270g) 150円
冷蔵
●注文方法／TEL、FAX
※支払い方法は郵便振替

●高村こんにゃく(たかむらこんにゃく)

〒319-3361　茨城県久慈郡
大子町西金277

tel: 02957-4-1152　fax: 02957-4-0413

あんがたっぷりでずっしりと重く
古武士のようなまっすぐな味

古印最中

【香雲堂本店】

数年前に講演で訪れた足利は“日本最古の大学”ともいわれる足利学校などがある、歴史を感じさせる落ち着いた街でした。

この地で100有余年、郷土にちなんだお菓子を作っている「**香雲堂本店**」の看板菓子が『**古印最中**』。足利にゆかりのある古印と落款を模した方形ですが、その形と、皮に浮き出た文字の異なるものが詰め合わさっていて、包装を解くのが楽しみです。そして、小豆あんがたっぷりでずっしりと重く、古武士を思わせるような、まっすぐな味、といったらよいのでしょうか。濃いめにいれた緑茶でいただきたいですね。

●価格／1個126円、1箱7個入り945円ほか
●注文方法／TEL、FAX
※支払い方法は、代金引換、郵便振替

●香雲堂本店（こううんどうほんてん）

〒326-0814　栃木県足利市
通4丁目2570

tel: 0284-21-4964　fax: 0284-21-1054

すがすがしい芳香が生きた
那珂川の天然鮎の炭火焼きと開き

つまみで一杯飲んでそのあと
うな丼が楽しめるセット

天然子持ち焼あゆ
天然鮎ひらき

鮎で知られる栃木県の那珂川も、各地の川と同様に天然遡上は年々減っているとのことです。那須の川魚専門店「**林屋**」の『**天然子持ち焼あゆ**』と『**天然鮎ひらき**』は、その貴重な味が楽しめる２品。私がすいかの香りと表現する、鮎ならではのすがすがしい芳香を生かすために、焼くなら炭火でと、子持ちをていねいに塩焼きにしています。開きは、私はさっと焼いて頭から食べてしまいますが、香魚の名にふさわしい、さわやかな香り。川のり付きもあります。

うなぎ宴

「**林屋**」の白焼きにしたうなぎもおすすめです。何種類かありますが、いずれもたれ付き。電子レンジやオーブントースターで温めると、焼きたてのかば焼きが手軽に味わえます。『**うなぎ宴**』は長白焼き５本にたれ、串刺しのきも焼き、頭と骨を揚げたうなぎせんべいのセット。きも焼きとうなぎせんべいをつまみに飲んで、うな丼もよろしいのでは。

【林屋】

天然子持ち焼あゆ　天然鮎ひらき
●価格／天然子持ち焼あゆ　7 ～ 12 尾 5250 円
天然鮎ひらき 10 尾 + 天然鮎ひらき　川のり付き 5 尾 4725 円

うなぎ宴
●価格／うなぎ白焼き 5 尾 (たれ、きも焼き、うなぎせんべい付き) 5365 円

●注文方法／ TEL、FAX、公式 HP
※支払い方法は代金引換、銀行振込

冷蔵　天然子持ち焼きあゆ　うなぎ宴
冷凍　天然鮎ひらき

●林屋 (はやしや)
〒 324-0501　栃木県那須郡
那珂川町小川 171-8
tel: 0120-37-8848　fax: 0287-96-3208
http://www.nasu-hayashiya.co.jp/

浅間高原産の粒よりの花豆を
甘み控えめに煮た

花いんげん味付

【山崎農園】

紫と白の２種類あって、花いんげん豆ともいう花豆。昔、軽井沢などで珍しがって買ってはきたものの、せっかく時間をかけて煮ても、ふっくらと柔らかくはならず、花豆は皮が堅いものと思っていました。ところが「**山崎農園**」の『**花いんげん味付**』に出会って花豆の認識を改めました。

まず、豆の吟味が大切なのです。花豆は標高が950～1000メートルくらいのところなら、大粒で、皮がほどほどの柔らかさのものができるのだそうですが、「**山崎農園**」の花豆はこの条件にぴったりの浅間高原産。粒よりを、甘み控えめに、じっくり優しく煮上げています。

●価格／１箱２缶入り（330g × 2）900円ほか
●注文方法／ TEL、FAX
※支払い方法は代金引換、郵便振替

●山崎農園（やまざきのうえん）

〒377-1411　群馬県吾妻郡
長野原町応桑 162
tel: 0279-85-2024　fax: 0279-85-2800

焼いても蒸してもおいしい
国定忠治ゆかりの上州名物

焼まんじゅう

【忠治茶屋本舗】

“赤城の山も今宵限り…” のフレーズは、私たちの年代にはおなじみですが、若い方にはどうでしょう。江戸後期、貧苦にあえぐお百姓たちから情け容赦なく年貢を取り立てる悪代官を切り、追われる身になって、たてこもった赤城山での国定忠治の名ゼリフです。この赤城山で忠治親分一行が偶然に作りだしたのが『**焼まんじゅう**』の始まり、といわれています。私は、ずっと以前におみやげにいただいて、こんな楽しいお菓子もあるのかと、ビックリ。蒸してもよいそうですが、私は焼いて添付の甘いたれをつけてはまた焼きます。竹串とはけも付いて、おままごとのようです。

●価格／1箱12串48個入り 1700円ほか
●注文方法／TEL、FAX、公式HP
※支払い方法は郵便振替　冷蔵（夏のみ）

●忠治茶屋本舗（ちゅうじぢゃやほんぽ）

〒372-0851　群馬県伊勢崎市上蓮町
新田原乙657
tel: 0270-32-0124　fax:0270-32-0144
http://www.yakimanju.jp/mise.htm

おせんべい好きが目を細める
締まって歯ごたえ充分の昔ながらの味わい

沖の石

【小宮せんべい本舗】

埼玉県の草加は、江戸時代、宿場町として栄え、名物は昔も今もおせんべい。江戸の末期、草加宿の庄屋に小作人が届けたお歳暮はおせんべいだったと、古文書にあるそうです。ちなみに当時のものは塩味でした。創業100余年の「**小宮せんべい本舗**」は、草加では唯一、昔ながらの天日干しを守り続ける店。その頑固さには拍手を送りたくなります。むしろに並べて天日に数日当てて乾かした生地は、野田のしょうゆを使って備長炭で1枚ずつ手焼きに。いろいろ種類のある中で、堅焼きの『**沖の石**』は友人のおせんべい好きの男性が目を細める逸品です。

●価格／1袋 735円
●注文方法／TEL、FAX
※支払い方法は代金引換

●小宮せんべい本舗（こみやせんべいほんぽ）
〒340-0017　埼玉県草加市
吉町5丁目4-8
tel: 048-922-3792　fax: 048-922-3790

小江戸と呼ばれた川越名産の
さつまいものお菓子

甘藷納豆　黒糖松葉　切り芋

【亀屋栄泉】

何を隠そう、私は大のさつまいも好き。出張のおみやげに、さつまいものお菓子が多いと、会社のスタッフには笑われます。埼玉県の川越はその昔、大江戸に対して小江戸と呼ばれた城下町。現在でも当時の面影がそこここに残り、江戸情緒が楽しめますが、川越甘藷(さつまいも)の産地としても知られています。このさつまいもで、さまざまなお菓子を作っているのが江戸時代からの老舗「**亀屋栄泉**」。私は食後の甘みには上品な『**甘藷納豆**』、おやつなら黒砂糖風味の揚げた『**黒糖松葉**』、ティータイムはシナモンの香りの『**切り芋**』と、各シチュエーションに合わせて食べたいですね。

●価格／甘藷納豆 1 袋 (220g) 500 円
黒糖松葉 1 袋 (170g) 370 円
切り芋 1 個 210 円
●注文方法／ TEL、FAX、公式 HP
※支払い方法は代金引換、郵便振替、銀行振込

●亀屋栄泉 (かめやえいせん)
〒 350-0063　埼玉県川越市幸町 5-6
tel: 049-222-0228　fax: 049-226-7703
http://www.kawagoe.com/kameyaeisen/

おなかに酒粕を詰めて蒸す
独特の製法で作られた

鯛の上総蒸し

【山金水産】

“東の葛《かつら》鯛、西の桜鯛” といわれた桜鯛は、もちろん瀬戸内のものですが、葛《かつら》鯛は千葉県の富津を中心とした内房のもの。この葛《かつら》鯛は江戸に運ばれて将軍家をはじめ、おいしいもの好きの江戸っ子に歓迎されていました。
「**山金水産**」の研究熱心なご主人が先代の製法に独自の技法を加えて作り上げた『**鯛の上総蒸し**』は、我が家でもお正月によくいただきます。尾頭つきの鯛のおなかに酒粕を詰め、わらごもに包んで蒸したもので、酒粕の上品な香りとほどよい塩加減が、独特のおいしさ。頭や骨はだし代わりにご飯に炊き込んだりもします。

●価格／１尾（約１～1.3kg）6090円　冷蔵
●注文方法／TEL、FAX
※支払い方法は郵便振替、銀行振込

●山金水産（やまきんすいさん）

〒293-0001　千葉県富津市大堀 1817-4

tel: 0439-87-3022　fax: 0439-87-7250

いわしの脂ののり具合で
甘酢の味を加減するていねいな仕事

いわしの胡麻漬

【まるに古川水産】

いわしの水揚げが多いことで知られる千葉県の、黒潮洗う九十九里の郷土料理『**いわしの胡麻漬**』。ピチピチのかたくちいわしを開き、塩水に漬けてから、しょうが、黒ごま、赤唐辛子とともに甘酢に漬けたものです。作りたてを冷凍せずに送るので、ちょうど食べ頃で受け取れるのがうれしいですね。すっきりとした味は、洋風にライ麦パンなどと合わせてもよいのでは。

●価格／１ケース (500g) 800 円　冷蔵
／１ケース (1kg) 1500 円
●注文方法／ TEL、FAX
※支払い方法は現金書留、代金引換

●まるに古川水産 (まるにふるかわすいさん)
〒 283-0104　千葉県九十九里町片貝 6799
tel: 0475-76-2069　fax: 0475-76-9568

さっとあぶり“あたりめ”の感覚で
マヨネーズや七味唐辛子をふって

鯨のたれ

【つ印くじら家】

何かと話題になる鯨ですが、私は、日本人が長いこと親しんできた食べ物を失いたくないですね。『**鯨のたれ**』は沿岸捕鯨が認められているつち鯨の加工品。捕鯨の伝統がある南房総和田浦の特産品で、鯨肉を薄くスライスし、味付けし、天日干ししたものです。しょうゆ味がついているので、軽くあぶって食べますが、「**つ印くじら家**」ではマヨネーズや七味唐辛子などをふってどうぞと。

●価格／１パック (100g) 680 円　冷凍
●注文方法／ TEL、FAX
※支払い方法は代金引換

●つ印くじら家 (つじるしくじらや)
〒 299-2701　千葉県南房総市和田町花園 127-3
tel: 0470-47-4780　fax: 0470-47-4780

千葉

60 軒ものピーナッツ店がある
落花生の郷、八街の味

さや煎落花生　千葉のかほり

【フクヤ商店】

「落花生ってピーナッツのことなんだ」、と言った若い人にビックリしたことがありますが、千葉県の八街はその落花生の郷。生産量も日本一なら、落花生を扱う店の多さにも驚きます。その中で、親しいお料理の先生から教えていただいたのが「**フクヤ商店**」。いろいろな商品のうち、私はやっぱり『**さや煎落花生**』と思っていましたが、レトルトのゆで落花生『**千葉のかほり**』のフレッシュ感も魅力です。

●価格／さや煎落花生 1 袋 (300g) 693 円
千葉のかほり (100g) 315 円
●注文方法／ TEL、FAX、公式 HP
※支払い方法は代金引換

●フクヤ商店 (ふくやしょうてん)
〒 289-1103　千葉県八街市八街に 242
tel: 043-444-0432　fax: 043-444-5050
http: //www.rakkasei.com/

しょうゆだれがしみ込んだ
しっとり柔らかいおせんべい

ぬれ煎餅

【銚子電気鉄道】

鉄道会社がなぜ、おせんべいを？という疑問はさておいて、銚子電鉄の名で知られている「**銚子電気鉄道**」がある銚子は、全国有数のしょうゆの産地。ここ 10 年くらいの間に人気が出たぬれせんべいのおいしさは、しょうゆが決め手になります。この『**ぬれ煎餅**』は「ヤマサ醤油」の専用のしょうゆだれを使っているそうです。薄味もありますから、お好みでどうぞ。

●価格／ 1 袋 10 枚入り 820 円ほか
●注文方法／ TEL、FAX、公式 HP
※支払い方法は代金引換

●銚子電気鉄道 (ちょうしでんきてつどう)
〒 288-0056　千葉県銚子市新生町 2-297
tel: 0479-20-1737　fax: 0479-20-1738
http: //chodenshop.com/

色、つや、香り、
申し分のない上質な味

平やきのり

【守半海苔店】

のりの養殖が盛んだった江戸の大森海岸には、多くののり店がありました。この地で創業100年の「**守半海苔店**」の『**平やきのり**』は、普通のサイズより少し小ぶり。つややかで真っ黒、パリッとしていて口どけがよく、上品な磯の香が漂う、これぞ、焼きのり、と私が思う逸品です。有明海の上質なものだけを厳選し、気温や湿度によって焼き方も加減し、この道40年のベテラン工場長が厳しくチェックをしています。

炊きたてのご飯といただく度に、日本人でよかったとささやかな幸せを感じますが、わさびをきかせて、のり茶漬けにするのも好きです。

●価格／特上品平やきのり 3 袋 (1 袋 8 枚入り)
缶入り 3360 円
●注文方法／ TEL、FAX、郵便
※支払い方法は代金引換、郵便振替、銀行振込

●守半海苔店 (もりはんのりてん)
〒 143-0016　東京都大田区
大森北 1 丁目 29-3
tel: 0120-62-4077　fax: 03-3761-4099

江戸っ子の好む
甘みの少ないしょうゆ味

あさり佃煮

【日本橋 鮒佐】

東京の朝の食卓から佃煮が消えたのは、パン食が増えたせいでしょうね。たまには、白いご飯に佃煮、という朝食が食べたくなります。江戸末期、余った雑魚の保存法から生まれたのが佃煮で、その元祖といわれる「**日本橋 鮒佐**」。しょうゆのかった江戸っ子好みの味にファンが多く、あさり佃煮も『**江戸前**』の味に慣れていましたが、今風の塩分控えめ『**まろやか**』を試したら、これもよいですね。

●価格／江戸前 1 パック (56g) 735 円、まろやか 1 パック (69g)735 円
●注文方法／ TEL、FAX
※支払い方法は代金引換、銀行振込

●日本橋 鮒佐 (にほんばし ふなさ)

〒 103-0022 東京都中央区日本橋室町 1 丁目 12-13

tel: 0120-273-123 fax: 03-3270-9323

子供の頃を思い出す
浅草の牛肉専門店の懐かしい味

牛肉すきやきのつくだ煮

【浅草 今半】

子供の頃、浅草の国際劇場で松竹少女歌劇を見たあとは、すぐ近くの牛肉専門店「**浅草 今半**」ですき焼き、がお決まりのコースでした。『**牛肉すきやきのつくだ煮**』はこの店のお客さんの要望に応えて、おみやげ用に作ったもの。和牛だけで添加物も使わず、すっきりとした味が好評です。牛肉と野菜を取り合わせたものとのセットは、外国に住む友人にも送って喜ばれています。

●価格／お好み小箱セット (牛肉すきやきつくだ煮のほか、牛肉とごぼうなど 4 種詰め合わせ 各 80g 入り) 3150 円ほか
●注文方法／ TEL、公式 HP
※支払い方法は代金引換、カード払い、コンビニ払い

●浅草 今半 (あさくさ いまはん)

〒 111-0035 東京都台東区西浅草 2 丁目 17-4

tel: 03-3842-8656

http: //www.asakusaimahan.co.jp

東京

江戸時代に孤島で生まれた
独特の風味をかもし出す干物

くさや

【新島水産加工業協同組合】

「これほどおいしいものはない」と言う人がいるいっぽうで「臭いだけでだめ」な人も多いのは、くさやの宿命（?）でしょう。私はその中間ですが、300年以上の伝統を守って作りられているものは、食べ続けられてほしいですね。くさやは東京都伊豆諸島の特産品で、その中でも新島では、盛んに製造されているようです。海に囲まれていながら塩が貴重品だった昔、魚を漬ける塩水を繰り返し使っているうちに生まれた発酵食品です。原料は最高級品が青むろあじですが、お好みで、むろあじ、とびうおも。初めての方には、焼いてびん詰めにした『**素焼くさや**』をおすすめします。

●価格／青むろあじ１枚（真空パック）420円
とびうお１枚（真空パック）578円
冷蔵
●注文方法／ TEL、FAX
※支払い方法は代金引換、郵便振替

●新島水産加工業協同組合
（にいじますいさんかこうぎょうきょうどうくみあい）
〒100-0402　東京都新島村本村
くさやの里
tel: 0120-039-938　fax: 04992-5-1544

芝崎納豆

【天野屋】

東京の神田明神入り口にある「**天野屋**」では、江戸時代の創業当時からの地下の土室で、今も、名物の甘酒、みそなどに使う麹が作られています。その当時から親しまれていた『**芝崎納豆**』は、江戸っ子好みといわれる大粒。大豆の風味をしっかり感じさせるパワフルな味は、ご飯にのせるよりも、それだけで食べるほうが、おいしいのではないでしょうか。

●価格／1パック(160g) 315円　冷蔵
●注文方法／TEL、FAX、公式HP
※支払い方法は代金引換

●天野屋（あまのや）
〒101-0021　東京都千代田区
外神田2丁目18-15
tel: 03-3251-7911　fax: 03-3258-8959
http: //www.amanoya.jp/

東京

江戸時代から作られている
神田明神名物の大粒納豆

江戸時代、両国の薬研堀で
売り出されたのが始まり

七味唐辛子

【やげん堀 中島商店】

焼き唐辛子、赤唐辛子、粉山椒、黒ごま、麻の実、けしの実、みかんの皮の陳皮が、七味唐辛子の基本。「**やげん堀**」初代が江戸の初期に漢方薬をヒントに作り出すと、またたく間に全国に広まりました。当時は行商で、お客の好みに合わせて材料を調合したため、各地域で風味が異なります。「**やげん堀 中島商店**」では、小辛、中辛、大辛を基本に、好みの加減に調合もしてます。

●価格／七味唐辛子（大辛・中辛・小辛　各20g）各368円、ひょうたん入り(20g) 1680円、一味唐辛子(20g) 368円、粉山椒(15g) 473円
●注文方法／TEL、FAX
※支払い方法は代金引換、郵便振替

●やげん堀 中島商店（やげんぼり なかじましょうてん）
〒130-0005　東京都墨田区東駒形2丁目8-3
tel: 03-3626-7716　fax: 03-3626-8515

形によって中のあんが
異なるのも楽しみのひとつ

人形焼

【重盛永信堂】

人形焼きは、カステラのような生地であんを包み、七福神などの形に焼いた素朴なお菓子。東京の下町の浅草や人形町には、このお菓子を看板にしている店が何軒もあります。それぞれに味はもとより形にも特徴がありますが､私は薄めでこくがある皮の「**重盛永信堂**」のものが好み。人形焼はあずきのこしあん、壺は粒あん、鮎は白いんげんのこしあんと、あんが異なるのも楽しみ。

●価格／人形焼･あゆとも 1 個 110 円、壷 1 個 150 円、あゆ・人形焼詰め合わせ 16 個入り 2000 円
●注文方法／ TEL、FAX
※支払い方法は代金引換

●重盛永信堂 (しげもりえいしんどう)
〒 103-0013　東京都中央区日本橋
人形町 2 丁目 1-1
tel: 03-3666-5885　fax: 03-5640-5699

黒豆の風味が生きた
ふっくらと柔らかく、ほんのり甘い

丹波黒豆甘納豆

【赤坂雪華堂】

豆好きの私は甘納豆には、ちょっとうるさいのですが、「**赤坂雪華堂**」の『**丹波黒豆甘納豆**』は、自信を持って人に差し上げられる品。丹波の厳選された大粒の黒豆を使い、じっくり時間をかけ、ていねいに炊き上げています。黒豆の持ち味を生かすために、甘みは抑えめ。ただし、甘いのが好きな人のために、和三盆糖がついていて、老舗の心遣いがしのばれます。

●価格／ 1 袋 (150g) 840 円、桐箱入り (390g) 3150 円ほか
●注文方法／ TEL、FAX
※支払い方法は代金引換、郵便振替、銀行振込

●赤坂雪華堂 (あかさかせっかどう)
〒 130-0005　東京都港区赤坂 3 丁目 10-6
tel: 03-3585-6933　fax: 03-3585-6766

手巻きずしにぴったりの
４種類の味が楽しめる詰め合わせ

三崎のまぐろづくし

【西松】

神奈川県の三浦半島突端にある三浦三崎は、日本有数のまぐろの港。この地で明治時代からのまぐろの卸業者「**西松**」は、小売りもしています。ご存じのように、まぐろは種類と部位、また、漁獲地などで、値段はピンからキリまで。お財布の心配をしなければ、最高級品も味わえますが、ほどほどの価格でおいしいもの、というときには「**西松**」の『**三崎のまぐろづくし**』がおすすめです。我が家でも、食べ盛りの孫たちが集まるお正月に取り寄せては、手巻きずしなどにします。冷凍品ですから、同封のしおりを参考に、上手に解凍してください。

●価格／１セット(めばちまぐろ中トロ・めばちまぐろ赤身・ビントロ各170g　まぐろのたたき80g×4)5190円

冷凍

●注文方法／TEL、FAX、公式HP
※支払い方法は代金引換、コンビニ払い

●西松(にしまつ)

〒238-0243　神奈川県三浦市
三崎5丁目18-9

tel: 046-881-4127　fax: 046-882-6990

http://www.nishimatsumaguro.com/

明治初年からかまぼこ作り
ひと筋の老舗の製品

超特撰蒲鉾「冨士」

【丸う田代】

東海道五十三次の宿場として、また、城下町としても栄えた小田原は、全国に知られたかまぼこの産地。土地の方は、それぞれひいきの店があるのでしょうが、私の知人は「**丸う田代**」と。130年を超える歴史があり、ここの超特撰の『**冨士**』は、白身魚を使った光沢のある純白な生地で、弾力のあるぷりぷりとした歯ごたえと、上品な味が気に入っています。上等な品ですから、わさび漬けを添えた“板わさ”がいちばんですが、ちょっと残ったときなどは、ごく薄切りにしてかりかりに炒め、生野菜と合わせてドレッシングであえると、ひと味変わったオードブルにもなります。

●価格／赤・白各 1 本 (290g) 2100 円　冷蔵
●注文方法／ TEL、FAX、公式 HP
※支払い方法は郵便振替

●丸う田代 (まるうたしろ)
〒 250-0004　神奈川県小田原市
浜町 3 丁目 6-13
tel: 0120-22-9221　fax: 0120-83-4339
http: //www.maruu.com

三浦半島に咲く花のみつが中心の
100% ピュアな味

蜂蜜

【関養蜂園】

●価格／みかん (1.2kg) 3000 円、野の花 (1.2kg) 2500 円
●注文方法／ TEL
※支払い方法は郵便振替

●関養蜂園 (せきようほうえん)
〒 240-0105　神奈川県横須賀市
秋谷 5323
tel: 046-856-8645

はちみつ生産直売の「**関養蜂園**」とは、私の会社のスタッフが、ご主人の関さんのはちみつ採取に同行して以来の、20 年近いおつきあい。ここのはちみつは、三浦半島の花のみつを中心に集めた、混ぜものなしの 100% ピュアの純神奈川産。種類は、おなじみのおだやかな味の『**みかん**』、やぶからし、からすざんしょうなどの花のみつをミックスした野性的な風味の『**野の花**』などがあります。「はちも私も頑張っています」といつも楽しげな関さんは、「お客さまとじかに話がしたいから」と、未だにファックスもなし。注文を受ける際もお客さんとの対話を大切にしています。

日露戦争の携行食として軍隊に収める際
砂塵防止にしそで巻いたのが始まり

しそ巻梅干　梅の香

【ちん里う本店】

小田原では後北条時代、城内や武家屋敷内に梅の木を植え、平時は花を観賞し、戦時は携帯食の梅干し作りに利用しました。その伝統が小田原名物として今に受け継がれています。創業明治 4 年の「**ちん里う本店**」のしそで巻いた梅干し『**しそ巻梅干**』や、青梅をしその葉で巻いて砂糖漬けにした『**梅の香**』などは、しその葉の香りが風雅で味も香りも楽しめます。

●価格／しそ巻梅干 1 カップ (115g) 819 円
梅の香 1 袋 (150g) 578 円
●注文方法／ TEL、FAX、公式 HP
※支払い方法は代金引換、銀行振込、郵便振替、コンビニ払い

●ちん里う本店 (ちんりうほんてん)

〒 250-0011　神奈川県小田原市栄町 1 丁目 2-1
tel: 0120-30-4951　fax: 0465-23-2535
http: //www.chinriu.co.jp

子供やお年寄りのおやつにも
おすすめの安心の味

鳩サブレー

【豊島屋】

大正の末生まれの私が子供の頃、“西の芦屋、東の鎌倉”と、ハイカラな街の代名詞になっていた鎌倉に、明治 20 年代に店を開いた「**豊島屋**」。初代が、店を訪れた外国人からもらった大きなビスケットがきっかけで、長い年月と、さまざまな苦労の末に現在の『**鳩サブレー**』が生まれました。若い人にはレトロな味とでもいうのでしょうか、私にとっては食べなれた安心の味です。

●価格／ 1 箱 8 枚入り 735 円、1 箱 12 枚入り 1050 円ほか
●注文方法／ TEL、FAX、公式 HP
※支払い方法は代金引換、カード払い

●豊島屋 (としまや)

〒 248-0006　神奈川県鎌倉市小町 2 丁目 11-19
tel: 0120-83-2810　fax: 0120-88-1032
http: //www.hato.co.jp/

甲信越

甲信越は信州の長野県を間にはさみ、北に越後の新潟、東南に甲州の山梨が境つらなる地域。かつて戦国時代、間にある信州を領地に収めようと、甲州の武田信玄と越後の上杉謙信が激しく争いました。有名な川中島の戦です。しかし、派手な戦いとは裏腹に人々の暮らしは貧しいものでした。特に海のない山国の山梨、長野の両県は耕地が少なく、また気候も厳しいために一日の食事で１食は粉食に頼らなければならないほど。そんな暮らしの中から生まれたのが、山梨のほうとうや、長野のおやき、そばなどの、今となってはこの地方の名物といわれるようになったものだったのです。

ただ、隣り合った山国でも山梨と長野の風土はかなり異なります。山梨は冬の厳しさより夏の日中の暑さが話題になる内陸型気候で、水はけのよい扇状地が広がっています。これがぶどうや桃の栽培に適し、どちらも日本一の生産量を誇っています。いっぽう、長野県は冬の寒さが厳しく、北部は豪雪地帯、雪が降らない地域は、諏訪湖など湖が氷結するほどに冷え込みます。

「甲信越地方の風土と食」

しかし、たくましくも信州人は過酷な環境を利用して、凍み豆腐や寒天などの特産物を作り上げてきました。今は冷涼な気候に合ったレタスやセロリなどの高原野菜やりんご栽培が盛ん。御殿が建つほどの収益を上げている農家もあるそうです。

この２つの県と対照的なのが、新潟県。日本海に面した海岸沿いには平地が広がっています。ただ、雪が深く、春が遅いために野菜などは栽培しにくく、稲作中心の農業が行われてきました。その米づくりにかける情熱が新潟産コシヒカリの食味を高め、お米のトップブランドの地位を確立させたのです。また、新潟といえば魚のおいしいことでも知られます。沿岸漁業のために漁獲量は決して多くありませんが、近くの海でとれる魚だけに活きのよさはピカイチ。この魚を求めて観光客が多く訪れるほどです。

魚といえば、甲信越では川魚の存在も見逃せません。水量豊かな渓谷や湖沼からは多くの種類の魚がとれ、山国の食卓を彩っています。

甲信越
地方
お取り寄せ

耕地が少なく気候も厳しいため
過酷な食生活を強いられてきた山梨と長野。
そんな暮らしの中から生まれた
ほうとう、おやきや
稲作中心の生活から生まれた
新潟のコシヒカリなど、先人の知恵と努力は
お取り寄せにも生き続けています。

新潟

もりひかり
しめはり餅
雪割り人参
雪割り人参100%ジュース
車麩　かんずり
目近鮭の山漬
笹だんご　くろ羊かん

長野

鯉の甘露煮　特製 鴨せいろ
おやき　セロリー漬
わかさぎ空揚　鮒すずめ焼
栗強飯　杏ぐらっせ
杏ようかん

山梨

角ゆば　ゆばフライ
甲州名物ほうとう
甲斐古餅

清流と棚田が育てる
コシヒカリの新ブランド

もりひかり

【森光担い手生産組合】

●価格／ 5kg 3540 円 (送料込み) 、10kg 6270 円 (送料込み)
●注文方法／ TEL、FAX
※支払い方法は代金引換、郵便振替

●森光担い手生産組合
(もりみつにないてせいさんくみあい)
〒 949-5342　新潟県長岡市
小国町森光 217
tel: 0258-41-9288　fax: 0258-41-9277
http://www.morihikari.net/

山懐に抱かれた新潟県長岡市小国町は、“耕して天に到る” 棚田の連なる米どころ。郷愁を誘われる美しい風景が広がります。ここでも農家の高齢化と後継者不足は深刻ですが、この森光地区では、自然を守りながら “人” と “経済” の活性化をと、組合員が生産者のいない田んぼを引き受け、米づくりに取り組んでいます。

清冽な山の湧き水がいちばんに流れ込む田んぼのお米は、小粒ながら甘みと粘りけは充分。ほとんどが地元で消費されるために、これまでは知る人ぞ知る存在でしたが、意欲的な生産者の手によって取り寄せられることに。私は食べることで、その心意気を応援します。新米は９月末頃から。

幻といわれた品種のもち米を使った
米どころにふさわしいお餅

３か月雪の下に眠っている間に
ぐんと甘みを増す

しめはり餅

米どころ新潟なら、お餅もおいしいはずとの期待を裏切らないのが『**しめはり餅**』。知人に暮れにいただいて、お雑煮に使ったところ、こしのある食感と、しっかりとした味に感心しました。聞けば“しめはりもち”という、今では希少となってしまった品種のもち米を使っているとのこと。「**魚沼倶楽部**」は、生産者との協力で、一時期、幻といわれたこの品種の収穫量を増やし、手はかかっても“いいもの”の継承に取り組んでいます。

雪割り人参
雪割り人参100%ジュース

新潟から、守り育てて伝えてゆきたいものを発信している「**魚沼倶楽部**」。『**雪割り人参**』を３月半ばから４月くらいの季節限定で出荷しています。秋に収穫せず、そのままおいて春に掘り出したものですが、雪の下で眠っている間に、甘みとうまみが増して味わい深くなります。ジュースにしたものは、野菜不足の方の手軽なカロテン補給によいですね。

【魚沼倶楽部】

しめはり餅
●価格／白１パック９枚入り (500g) 800円、よもぎ１パック９枚入り (500g) 850円

雪割り人参
雪割り人参100% ジュース
●価格／雪割り人参１パック (約 500g) 500円前後
雪割り人参100% ジュース３本セット (1000ml × 3) 2660円

●注文方法／ TEL、FAX
※支払い方法は代金引換、郵便振替、銀行振込

●魚沼倶楽部 (うおぬまくらぶ)
〒 949-8415　新潟県十日町市
通り山子 950-1
tel: 0257-63-4711　fax: 0257-63-4265
http://www.uonuma-club.co.jp/

きめ細かくなめらかな口当たりの
新潟特産の焼き麩

車麩

【マルヨネ】

小麦粉のたんぱく質(グルテン)に、小麦粉やもち粉などの合わせ粉を加えて練り、形作って焼いた焼き麩は、各地で特徴のあるものが作られています。新潟特産の車麩は棒に巻きつけて焼き、輪切りにした車輪のような形。きめ細かく美しい焼き上がりの「**マルヨネ**」の製品は、もどすのに少々時間がかかりますが、しっとりとして口当たりがなめらかでいながら、形がしっかり残り、とても存在感があります。中心の部分まで柔らかくなるように充分もどし、水けをよく絞って使いましょう。汁の実、煮物、鍋物などにしますが、私はすき焼きの残り汁で煮るのも好き。

●価格／越路の撰1箱(大型4回焼き厚切り×20枚)1050円、車麩ミニ1パック(小型3回巻き×18枚)199円
●注文方法／TEL、FAX
※支払い方法は代金引換

●マルヨネ(まるよね)
〒955-0853　新潟県三条市北四日町3-21
tel: 0256-33-0227　fax: 0256-32-1513

新潟

雪にさらして寒に仕込む
赤唐辛子の調味料

かんずり

【かんずり】

新潟の妙高では、寒さが最も厳しい時期、雪野原になった田んぼに赤唐辛子をまきます。こうして雪にさらして辛みをまろやかにし、米麹、柚子、塩を加えて3年間、発酵と熟成の末にできあがったのがかんずり。戦国時代から伝わる伝統食品です。「**かんずり**」の製品は、辛みのなかにもまろやかな風味があり、私は雪国の人の辛抱強さを感じます。6年仕込みの吟醸品もあります。

●価格／かんずり1びん (80g) 630円、吟醸かんずり1びん (85g) 1050円
●注文方法／ TEL、FAX、公式 HP
※支払い方法は代金引換のみ

●かんずり

〒944-0023　新潟県妙高市西条 438-1

tel: 0255-72-3813　fax: 0255-72-0344

http: //www.haneuma.net/kanzuri/

若いさけを浜で山積みにして
塩を回らせる技法を用いた

目近鮭の山漬

【小川屋】

回遊途中の若いさけは、頭が小さく、魚体の割に目がくっついているので、目近鮭と呼びます。北海道のオホーツク沿岸でとれるこのさけを、すぐ内臓を除いて粗塩をすり込み、浜で山積みにして塩を回らせました。この技法で作っているのが「**小川屋**」の『**目近鮭の山漬**』。若いさけは筋子や白子が未熟な分、肉質が充実しています。厚切りで味わうと、脂がほどよくのって、うまみが濃く、塩加減も申し分ありません。

●価格／1切れ 903円、木箱 (6切れ入り)6153円
●注文方法／ TEL、FAX、公式 HP
※支払い方法は代金引換、銀行振込

●小川屋 (おがわや)

〒951-8063　新潟県新潟市古町 5-611

tel: 0120-229011　fax: 0120-206831

http: //www.niigata-ogawaya.co.jp/

堅くなったら蒸すか
電子レンジにかけて

笹だんご

【市川屋】

新潟に住む学生時代からの友人が、「笹だんごならここ」と太鼓判を押したのが「**市川屋**」。江戸時代から 150 年以上続く越後ならではのもち菓子の店で、『**笹だんご**』は、こしあんと粒あんの２種。あんをくるむだんご生地は、コシヒカリともち米を石うすでひき、よもぎの葉をつき混ぜたもの。笹で包んで蒸し上げた、よもぎの香り豊かな食べごたえのある逸品です。

●価格／ 10 個 1260 円
●注文方法／ TEL、FAX、郵便、公式 HP
※支払い方法は代金引換のみ

●市川屋 (いちかわや)
〒 951-8065　新潟県新潟市東掘通 5-429
tel: 0120-852365　fax: 0120-852145
http: //sasadango.com/

漆黒に近い深い色で
黒砂糖の風味が豊かな

くろ羊かん

【菓子道楽 新野屋】

服部幸應先生に教えていただいた『**くろ羊かん**』は、両親のふるさと沖縄の黒砂糖の風味が味わい深く、私もファンになりました。黒砂糖特有のこくと香りが、上品な甘みに昇華された、といったらよいのでしょうか、力強く品のよい甘みです。4 代目のご主人が、初代からの製法そのままに、すべてを手作業で。万全を期すため 7 月下旬から 9 月上旬までは製造を休みます。

●価格／ 1 本 1365 円
●注文方法／ TEL、FAX
※支払い方法は代金引換、郵便振替、銀行振込

●菓子道楽　新野屋 (かしどうらく　あらのや)
〒 945-0055　新潟県柏崎市駅前 1 丁目 5-14
tel: 0257-22-2337　fax: 0257-32-0396

身延の天然水と国産大豆を使った
風味の濃い生湯葉

角ゆば　ゆばフライ

【ゆば工房 五大】

●価格／角ゆば 1 パック (250g) 1150 円、角ゆば 1 パック (700g) 2800 円
ゆばフライ 1 パック 8 個入り 670 円　冷蔵
●注文方法／ TEL、FAX、公式 HP
※支払い方法は代金引換、郵便振替、銀行振込

●ゆば工房 五大 (ゆばこうぼう ごだい)
〒 409-2403　山梨県南巨摩郡
身延町帯金 3705-1
tel: 0556-62-3535　fax: 0556-62-3554
http://www.yuba-godai.jp

この『**角ゆば**』は「おもしろい生湯葉があるの」と、私の会社のスタッフが料理研究家の高城順子先生から伺い、さっそく取り寄せてみて、みんなでなるほどと納得した品。

薄い湯葉を何枚も重ねて厚みを出した四角い湯葉で、大豆の風味が濃く感じられます。食べやすく切って、わさびじょうゆでいただくほか、煮物にしたり、椀だねなどにたっぷり使えます。また、この『**角ゆば**』を切ってころもをつけた『**ゆばフライ**』は、揚げると、まるで和風クリームコロッケのように、クリーミーな味わいさえして、若い人たちにも好評です。

武田信玄が兵の健康維持のために
普及したと伝えられる

甲州名物ほうとう

【平井屋】

ほうとうは山梨の郷土料理。麺もほうとうといい、うどんよりも幅広で厚いのが特徴です。枕草子にも登場し、のちに武田信玄が兵の健康のために普及したと伝えられています。野菜やきのこ、油揚げなどと煮込むので、確かに栄養のバランスはよいですね。「**平井屋**」のほうとうはみそ味のスープ付きもあり、お夜食などにも便利。私は定番のかぼちゃを加えるのが好きです。

●価格／1袋(300g) 140円、1袋(300gスープ付き) 250円

冷蔵

●注文方法／TEL、FAX
※支払い方法は郵便振替

●平井屋(ひらいや)

〒403-0022　山梨県南都留郡西桂町小沼1409

tel: 0555-25-2143　fax: 0555-25-3282

ヘルシー素材の玄米粉、くるみ、
黒砂糖を使った素朴な味

甲斐古餅

【甲府凮月堂】

山梨のお菓子といえば、甲州ぶどうを砂糖がけした月の雫が有名ですが、「私たちはこちらも」と、甲府出身のスタイリストが教えてくださったのは『**甲斐古餅**』。上質の玄米粉とくるみ、黒砂糖というヘルシーな材料を使った、山国らしい素朴な味です。ちなみに「**甲府凮月堂**」は、東京の凮月堂が100年以上前にのれん分けした店で、『**月の雫**』も根強い人気商品です。

●価格／1箱10個入り945円、1箱15個入り1365円ほか

●注文方法／TEL、FAX、郵便、公式HP
※支払い方法は代金引換、郵便振替

●甲府凮月堂(こうふふうげつどう)

〒400-0032　山梨県甲府市中央1丁目1-23

tel: 055-233-4554　fax: 055-233-4554

http: //www10.ocn.ne.jp/~fugetsu/

昔からおめでたい席に欠かせない
こいの代表的な料理

鯉の甘露煮

【平栗鯉店】

海に遠い長野では、昔から、お祭りや結婚式などのおめでたい席に、たいではなくこいが使われました。ソムリエ世界一の田崎真也さんから伺った「**平栗鯉店**」の『**鯉の甘露煮**』に初めて対面したとき、どれほど大きなこいを煮ているのかしらとビックリ。天竜川の支流で養殖したものをいけすに移して３週間、泥を充分吐かせてから、中央アルプスの雪解け水と砂糖、しょうゆで甘めにじっくり煮含めています。卵をたっぷり抱いた身は、箸でほろりとほぐれ、こい特有の泥臭さもまったくなく、とても美味。「ワインにも合う味」と田崎さんはおっしゃっています。

●価格／１切れ 750 円 (5 切れから発送)
●注文方法／ TEL、FAX
※支払い方法は代金引換

冷凍

●平栗鯉店 (ひらぐりこいてん)

〒 395-0814　長野県飯田市八幡町 2163

tel: 0265-22-5314　fax: 0265-53-5314

手打ちそばの店の品が
手軽に味わえる

特製 鴨せいろ

【柏屋】

“信濃では月と仏とおらが蕎麦”と一茶が詠んだと伝えられているように、寒冷地でも育つそばは昔から信州の味覚。

この信州そばに鴨せいろ用の合鴨肉、特製鴨たれ、ねぎなどをセットにしたのが、善光寺の門前で創業以来70余年の、手打ちそばの店「**柏屋**」の『**特製 鴨せいろ**』。石臼でひいたそば粉を当日分だけ打ち上げるという生そばですから、届いたらその日のうちにいただきたいですね。合鴨の煮方なども同封のレシピどおりにすればよいのですが、生そばはゆですぎないように気をつけましょう。私は少し堅めが好みです。

●価格／5人前5500円(送料込み) 冷蔵
●注文方法／TEL、FAX、公式HP
※支払い方法は代金引換、郵便振替、銀行振込、カード払いなど

●柏屋(かしわや)
〒380-0825 長野県長野市末広町1356-2
tel: 026-226-6982 fax: 026-226-6985
http: //www.rakuten.co.jp/kashiwaya/

長野

季節限定など
何種類もの具があって
バラエティーが楽しめるのもうれしい

おやき

【いろは堂】

長野の郷土料理、おやきも時代とともに変わりましたね。以前に食べたなすのおやきは、いかにもひなびた味でしたが、「**いろは堂**」の『**おやき**』は中身がたっぷり。味も今風でおかずパンのようです。皮は小麦粉とそば粉を合わせ、具は土地の素材が中心。季節限定のものなども含めて、20 種類近くもあり、お子さんのおやつなどにもぴったりでは。

●価格／野沢菜・切り干し大根・かぼちゃなど各 1 個 150 円
冷凍
●注文方法／ TEL、FAX、郵便、公式 HP
※支払い方法は代金引換、郵便振替、
銀行振込、コンビニ払いなど

●いろは堂 (いろはどう)

〒 381-4393　長野県長野市鬼無里 1687-1

tel: 026-256-2033　fax: 026-256-3282

http: //www.irohado.com

生産量全国一、二を誇る
高原野菜を使ったさわやか漬け物

セロリー漬

【宮下清志商店】

長野県は静岡県と並ぶセロリの産地。両県で、全国生産量の約 80% を占めるといいます。この、特産品の高原野菜を、酒粕で漬け込んだ「**宮下清志商店**」の『**セロリー漬**』は、セロリ独特の香りと、しゃきしゃきとした歯ごたえがさわやか。旅のおみやげにいただいて知りましたが、いかにも信州らしい漬け物と、感心しました。酒の肴などにもよいですね。

●価格／ 1 箱 (200g) 630 円ほか　冷蔵
●注文方法／ TEL、FAX
※支払い方法は代金引換、郵便振替

●宮下清志商店 (みやしたきよししょうてん)

〒 390-0875　長野県松本市城西 1 丁目 4-17

tel: 0263-35-0211　fax: 0263-32-0352

http: //www.mcci.or.jp/www/k-miyasita

諏訪湖の湖の幸が
こだわりの味で楽しめる

わかさぎ空揚　鮒すずめ焼

【えびす屋】

諏訪の地に、江戸の安政時代創業の「**えびす屋**」は、こだわりの湖の幸、山の幸の品々を作り続けています。ことに、ごく小さなわかさぎを使った『**わかさぎ空揚**』は、塩味のもの２種類と、甘辛味とがあり、どれもそれぞれにおいしく、ビールのおつまみに、私は少しずつでもみんな食べたくなります。また、開いたふなを生乾きにしてから焼き、甘辛く炊いた『**鮒すずめ焼**』もおすすめ。諏訪湖でふながとれている期間の季節商品です。ちなみにすずめ焼きというのは、背開きにした姿がすずめに似ているからなのです。

●価格／わかさぎ空揚しお味１パック (90g) 630 円、わかさぎ空揚甘辛味１パック (110g) 630 円
鮒すずめ焼１パック (４～５串) 630 円
●注文方法／ TEL、FAX、郵便
※支払い方法は代金引換

●えびす屋 (えびすや)

〒 392-0027　長野県諏訪市
湖岸通り３丁目 4-14
tel: 0266-52-0720　fax: 0266-52-0721

長野

くりのお菓子で有名な
小布施の名店の味が手軽に

栗強飯

【竹風堂】

いも、栗、なんきん(かぼちゃ)は、昔から女性の愛する食べ物といわれています。私も同様で、家族がおおぜいだった頃は、秋にはたくさんの栗をむいて栗おこわを作りましたが、最近は楽をして、できたものを利用しています。栗の産地、小布施の「**竹風堂**」は、何回か訪れたこともあり、ここの『**栗強飯**』は、さまざまな栗のお菓子で知られている店だけあって、主役の栗のおいしさがきわだっています。聞けば、秋の新栗の仕込みも用途別に行い、おこわ用には、甘さをぎりぎりに抑えて蜜煮にしておいたものを使うそうです。

●価格／1箱(200g×4)1680円ほか　冷凍
●注文方法／TEL、FAX、郵便
※支払い方法は代金引換、郵便振替、コンビニ払い

●竹風堂(ちくふうどう)
〒381-0292　長野県上高井郡
小布施町973
tel: 0120-079-210　fax: 0120-079-212

私にとってはちょっとせつない
思い出の味

杏ぐらっせ　杏ようかん

【山屋天平堂】

くりの小布施は、りんごなどの果実も豊富なところ。その信州産のあんずを使った「**山屋天平堂**」の『**杏ぐらっせ**』は、一緒に机を並べて仕事をしていたのに、50歳そこそこで亡くなってしまった女性が好きだったお菓子。とりたての信州あんずを、1個ずつ手で割って種を除き、蜜に漬け込んで、マロングラッセのように仕上げたものです。私にとっては、ちょっとせつない思い出の味ですが、あんずの鮮やかな朱色も、甘ずっぱい味も、特有の香りもそのまま残ったみごとなできばえ。あんずを練り上げた『**杏ようかん**』も、透き通った琥珀色が美しく、さわやかな風味も女性好みでは。

●価格／杏ぐらっせ 1 箱 (150g) 840 円
杏ようかん 1 本 (220g) 420 円
●注文方法／ TEL、FAX、郵便、公式 HP
※支払い方法は代金引換

●山屋天平堂 (やまやてんぴょうどう)
〒 381-0201　長野県上高井郡
小布施町小布施 1396
tel: 026-247-2772　fax: 026-247-4785
http://www.yamaten.jp/

北陸

冬の北陸は来る日も来る日も灰色の空模様。晴天の日は数えるほどしかありません。この長くうっとうしい冬の終わりを告げる風物詩が、富山湾のほたるいか。体から強い光を発することでほたるの名がつけられたこのいかは、3月頃から産卵のために湾の海岸近くに押し寄せ、海を明るく照らします。その美しい群遊は国の天然記念物になっているほど。

富山湾はこのほたるいかを始め、海の幸の宝庫。その理由はいくつもあるといわれます。ひとつは水深が1000mを超えるという湾の地形。深い部分は水温が冷たい海洋深層水があり、浅い部分は暖流の対馬海流が入ってくるため、湾内には暖流と冷たい海の両方の魚が棲息しており、魚の種類が豊富です。また、富山湾の付近が潮境にあたり、プランクトンが豊富なことに加え、高い山々から富山湾へと流れ込むいくつもの河川が森の豊かな栄養を湾に注ぎ込むために、滋養にも溢れています。さらに、湾内の潮流が魚の筋肉を適度に鍛えるので、身の締まりもよいと聞きます。

「北陸地方の風土と食」

いっぽう、石川県の海岸線も大陸棚が広がるよい漁場で、ずわいがにや甘えび、ぶり、たらの漁獲地として知られています。特に若狭湾で水揚げされるかれい、たい、さばは江戸時代以前から京都に運ばれていたといわれ、さばを京まで運ぶ道は「さば街道」の名前で呼ばれていました。北陸の漁業の繁栄を物語るといえるでしょう。

さて、海でほたるいかの漁が始まる頃には、陸では雪が解け、農作業が忙しくなります。じつはおいしいお米の代名詞にもなっているコシヒカリは福井県で開発された品種で、同県は田んぼが耕地面積の９割を占めるなど、新潟にも勝るとも劣らぬほど米づくりに力が注がれています。石川県は海岸沿いを中心に平野が続き、農産物の種類も豊富。漁業の水揚げ高も北陸ではいちばんです。もちろん、加賀百万石の文化を誇るだけあって、京都に負けない優雅を極めた日本料理や、長い歴史に培われた和菓子の数々など、いずれをとっても北陸の中心地としての貫録が感じられます。

北陸地方

お取り寄せ

“海の幸の宝庫”富山湾を有する富山県、
北陸漁業の繁栄の象徴でもある石川県、
コシヒカリを開発した米どころ福井県、と
それぞれの風土に恵まれた北陸地方には
お取り寄せ商品にもその特徴がよく出ています。

富山

鱒の寿し
白えび昆布〆
天の醴
江出乃月

石川

かぶら鮨
巻鰤
丸干しいか
ふぐの子糠漬
いわしの糠漬
すだれ麩
鴨ロース
献上加賀棒茶
千歳くるみ
舞鶴

福井

ささ漬三昧
蔵囲昆布
極上鯖ずし
はまなみそ
水羊かん

徳川吉宗に献上以来
富山の名物になった押しずしの逸品

鱒の寿し

【高芳鱒寿し店】

●価格／1桶(1重430g)1100円、1桶(2重860g)2100円

冷蔵

●注文方法／TEL、FAX、公式HP
※支払い方法は郵便振替

●高芳鱒寿し店(たかよしますすしてん)
〒930-0029　富山県富山市本町3-29
tel: 076-441-2724　fax: 076-441-6873
http://www.takayoshi-masuzushi.com

私が、ますずしに対しての評価を高めたのは、講演で訪れた富山のデパ地下で「**高芳鱒寿し店**」のものに出会ってから。まず、ユニークな桶のデザインが目を引いたのですが、あけてみて、サーモンピンクのさくらます、純白の越中コシヒカリのすし飯、緑の笹の葉の美しい彩りにうれしくなり、実際に味わってみて、自分の選択眼に満足しました。とかく、こうした押しずしは、しょうゆはまったく必要がないような塩けですが、この『**鱒の寿し**』はバランスのよい薄味。ちょっとしょうゆをつけると、ほどよく脂ののった鱒の味がいっそう引き立つ、品のよい味です。

富山

美しさと希少価値で“富山湾の宝石”
といわれる白えびの珍味

白えび昆布〆

【水文】

●価格／白えび昆布〆（真昆布、おぼろ昆布とも）1 パック（150g）1575 円
●注文方法／ TEL、FAX、公式 HP
※支払い方法は代金引換、銀行振込

冷凍

●水文（みずぶん）

〒 931-8374　富山県富山市
岩瀬赤田町 12-11
tel: 076-438-8377　fax: 076-438-0155
http: //www.mizubun.co.jp/

「白えびってどんなえび？」とおっしゃる方が多いかもしれませんね。富山湾の限られた地域でしか漁獲されない、真っ白な小型のえびで、美しさと希少価値から“富山湾の宝石”といわれています。漁獲期は 4 月から 11 月。生のものはすし屋などで知っていましたが、富山空港のそば屋で、昆布じめにしたものを食べて以来、生よりかえっておいしいと思うようになりました。「**水文**」の『**白えび昆布〆**』は 1 尾ずつ手むきにした白えびを、真昆布と、おぼろ昆布にはさんだ 2 種。とろりと甘いえびの身と、昆布のうまみが絶妙で、酒の肴にはもってこいの逸品です。

富山産の古代米を使った
淡いピンクのものも

天《あま》の醴《あまざけ》

【麹工房 TENREI】

富山とは縁が深いのか、この甘酒も、富山を仕事で訪れたときに知人が教えてくださったものです。「**麹工房 TENREI**」では、いにしえの味に近いものを再現したいと、古代米や有機米を使い、色も味も自然のまま。品のよいすっきりとした飲み口は、我が社のスタッフにも好評です。江戸時代は夏バテ防止に冷やして飲んでもいたそうで、オンザロックもおすすめです。

●価格／白貴 1 箱 (120g × 3) 735 円、紫貴 1 箱 (120g × 3) 787 円ほか
●注文方法／ TEL、FAX、公式 HP
※支払い方法は代金引換、郵便振替、銀行振込

●麹工房 TENREI (こうじこうぼう てんれい)
〒 939-8152 富山県富山市経力 5 新村こうじ舗内
tel: 076-429-3361 fax: 076-421-6950
http: //www.koujikoubou.com

有磯の海の、さざ波に照り映える
満月の風情のお菓子

江出乃月

【志乃原】

『**江出乃月**』は、江戸の安政年間から親しまれている越中の銘菓。「**志乃原**」の３代目が、有磯 (富山湾) の海で、さざ波に漂うように照り映える満月の風情に心打たれて創作したと伝えられています。私は雑誌の編集長時代に知って、ブルーの薄い皮にはさまれた白みそあんの上品な味と、風雅な名が記憶に残り、いつか、有磯の満月を眺めたいと願いつつ、いまだに果たせないでおります。

●価格／ 1 箱 (1 包み 2 枚入り × 6) 945 円
●注文方法／ FAX
※支払い方法は郵便振替

●志乃原 (しのはら)
〒 933-0041 富山県高岡市城東 1 丁目 9-28
tel: 0766-22-1020 fax: 0766-23-0672

金沢の冬の味覚を代表する
かぶらにぶりをはさんだなれずし

かぶら鮨

【四季のテーブル】

年に数回は訪れる金沢は、加賀百万石の伝統が育んだ料理や食材があり、いつも楽しみ。ことにかにやぶりなどの冬の味覚は圧巻です。塩漬けしたかぶらに塩をしたぶりをはさみ、麹で漬け込むかぶらずしも、冬の金沢を代表する味。初冬、土地の人たちは“ぶり起こし”と呼ぶ激しい雷鳴を聞いて、寒流に乗ってぶりがきたことを知り、かぶらずしの漬け込みを始めます。取材で知った「**四季のテーブル**」は料理研究家の青木悦子さんの店で、ここの『**かぶら鮨**』は私好みのまろやかな味。限定予約で、“桶上げ”と称する発送日はその年によって変わりますが、例年 12 月から 2 月の間。

●価格／簡易パック 2 個入り 3700 円、化粧木箱 3 個入り 5700 円ほか　冷蔵
●注文方法／ TEL、FAX、郵便、公式 HP
※支払い方法は郵便振替

●青木クッキングスクール 四季のテーブル
（あおきくっきんぐすくーる しきのてーぶる）
〒 920-0865　石川県金沢市
長町 1 丁目 1-17
tel: 076-265-6155　fax: 076-231-2500
http://www.aokicooking.com

ぶりの保存食として作られた
石川県の伝統の名産品

巻鰤

【味の近岡屋】

荒縄に包まれた巻きぶりは、脂ののった寒ぶりを塩漬けにしてからほどよい堅さに干したもの。その昔、貴重品だったぶりを、大名に献上したり、遠隔地へ運ぶための保存食でした。ごく薄く切り、私はそのままいただきますが、酒や酢、みりんなど、好みのものに漬けると、塩味がやわらぎます。かすかなしぶみを感じる、日本酒党にはなんとも魅力のある味ですね。

●価格／1箱1本入り 3150円、1箱2本入り 5250円ほか
●注文方法／TEL、FAX、公式 HP
※支払い方法は代金引換

●味の近岡屋（あじのちかおかや）
〒921-8031　石川県金沢市野町3丁目2-31
tel: 076-242-3388　fax: 076-242-3389
http: //www.tikaokaya.co.jp

わたごと生っぽく仕上げた
するめいかの干物

丸干しいか

【石丸食品】

「**石丸食品**」の『**丸干しいか**』は、金沢の近江町市場で見つけて買い求め、味にうるさい義妹に届けたところ、気に入られた品。日本海でとれた新鮮なするめいかを、丸ごと特別の低温加工で仕上げています。内臓ごとですが生臭みもなく、生干し風で柔らかく、軽くあぶるとお酒のつまみにもってこい。商品の回転がよい店なので、いつも加工したてのものを置いています。

●価格／1袋3～4杯(130g) 380円、1袋3～4杯(170g) 500円
●注文方法／TEL、FAX
※支払い方法は代金引換

●石丸食品（いしまるしょくひん）
〒920-0905　石川県金沢市上近江町33-1
tel: 0120-140-510　fax: 076-232-3267

ぬかを軽く落として薄切りにし
さっとあぶって食べる加賀の珍味

ふぐの子糠漬　いわしの糠漬

【荒忠商店】

加賀地方では昔から、新鮮ないわし、ふぐ、にしんなどをぬか漬けにする“こんか漬け”がどこの家でも作られ、その製法は現在に受け継がれています。特に、ふぐの子(卵巣)を２～３年漬け込んだ『**ふぐの子糠漬**』は“幻の珍味”といわれる希少な味。庶民的な『**いわしの糠漬**』とともに塩分が強いのですが、日本酒好きの飲み仲間は、この塩辛さもたまらないおいしさといいます。

●価格／ふぐの子糠漬 1 パック (250g) 1575 円
いわしの糠漬 1 パック 2 本入り 300 円
●注文方法／ TEL、FAX、公式 HP
※支払い方法は代金引換、カード払い

●荒忠商店 (あらちゅうしょうてん)
〒 929-0235　石川県白山市美川永代町甲 233
tel: 076-278-5021　fax: 076-278-4936
http: //www.arachu.com/

郷土料理のじぶ煮に欠かせない
加賀百万石の伝統の味のひとつ

すだれ麩

【加賀麩 不室屋 】

金沢の特産品のすだれ麩は、前田藩の料理人が江戸の享保年間に作り出したといわれ、私も大好きなじぶ煮という郷土料理には欠かせないものです。生地を、すだれにはさんで形作りますが、生と干したものどちらも、ちょっと歯ごたえがある独特の食感が特徴。煮くずれしにくく、炊き合わせなどの煮物に使います。「**不室屋**」は加賀麩の製造で 140 年余の老舗。

●価格／生すだれ麩 1 パック 1 枚入り 231 円、干すだれ麩 1 パック 1 枚入り 263 円
冷蔵　生すだれ麩
●注文方法／ TEL、FAX、公式 HP
※支払い方法は代金引換、郵便振替、銀行振込

●加賀麩 不室屋 (かがぶ ふむろや)
〒 920-0021　石川県金沢市七ツ屋町 2 丁目 -23
tel: 0120-26-6817　fax: 0120-37-2668
http: //www.fumuroya.co.jp

石川

名料理店の鴨料理の味が
そのまま楽しめる

鴨ロース

【銭屋】

鴨の胸肉を焼いてたれで調味した鴨ロースは、鴨の代表的な料理。現在では天然鴨の捕獲は厳しく制限されていますから、その伝統がある石川県でも合鴨を使っています。

金沢を訪れると、つい寄りたくなる犀川のほとりに建つ日本料理店「**銭屋**」の『**鴨ロース**』は、店でいただくのと同じおいしさが味わえます。秘伝のたれでふっくらと仕上げた鴨肉は美しいピンク。この火の通り加減をこわさないように、温めなおさずにいただきます。日本酒はもちろんですが、白でも赤でもワインがよく合うと思います。

●価格／1本(約230g) 4200円ほか　冷蔵
●注文方法／TEL、FAX、公式HP
※支払い方法は代金引換、銀行振込、カード払いほか

●銭屋(ぜにや)

〒920-0981　石川県金沢市
片町2丁目29-7
tel: 076-233-3331　fax: 076-262-7560
http: //www.zeniya.ne.jp

一番摘みの茶葉の
茎を浅めに炒った

献上加賀棒茶

【丸八製茶場】

私は、お茶屋さんの前を通りかかって、お茶を焙じている芳ばしい香りに出会うと、幸せな気分になります。「**丸八製茶場**」の『**献上加賀棒茶**』は、専用の茶園で栽培したいちばん摘みの茎だけを炒ったもの。すっきりと芳ばしい風味の美しい琥珀色のお茶を出すために、浅めに炒っているとのこと。水出しにしてもおいしく、夏の冷茶にもおすすめ。

●価格／ 1 袋 (50g) 630 円、1 缶 (120g) 1785 円ほか
●注文方法／ TEL、FAX、公式 HP
※支払い方法は郵便振替

●丸八製茶場 (まるはちせいちゃじょう)
〒 922-0331　石川県加賀動橋町タ 1-8
tel: 0120-415-578　fax: 0120-053-429
http://www.kagaboucha.co.jp

和紙に包まれた、紅白の砂糖ごろもを
かけたくるみのお菓子

千歳くるみ

【彩霞堂】

白山山麓は、その昔、不老長寿の珍果とされていたくるみの特産地。このくるみに砂糖ごろもをかけて将軍家へ献上していましたが、それにちなんで作られたのが「**彩霞堂**」の『**千歳くるみ**』です。素朴な味はコーヒーともよく合い、このときばかりはブラックでいただきます。“てご”と呼ぶわらかご入りのものもあり、かごはからっぽになっても、捨てがたい風情があります。

●価格／ 1 箱 15 個入り 1260 円、てご 30 個入り 3150 円ほか
●注文方法／ TEL、公式 HP
※支払い方法は代金引換、郵便振替、銀行振込

●彩霞堂 (さいかどう)
〒 924-0807　石川県白山市石同町 22
tel: 076-275-0072　fax: 076-275-7346
http://www.saikadou.jp

鶴に見立てたしょうが風味の
加賀伝統の干菓子

舞鶴

【森八】

380年の歴史をもつ金沢の「**森八**」は、日本三名菓のひとつ『**長生殿**』をはじめ、加賀の歴史を伝える銘菓が数多くあります。それぞれに前田家と加賀藩が培った、菓子の文化が色濃く反映されています。私が『**舞鶴**』を知ったのは、雑誌の編集長時代。連載で全国の和菓子を紹介し、俳人の中村汀女さんにそのお菓子にちなんだ句を作っていただいていました。白は雄、うす紅は雌の鶴に見立てた形がじつに端正で、しょうがの風味とともに、印象的でした。この干菓子も加賀藩の頃から伝わるもので、おめでたいお菓子として新春のお茶会でも出会ったことがあります。

●価格／1箱20個入り840円
●注文方法／TEL、FAX、公式HP
※支払い方法は代金引換

●森八（もりはち）
〒920-0902　石川県金沢市尾張町
2丁目12-1
tel: 076-262-6251　fax: 076-260-0881
http: //www.morihachi.co.jp

単品で小さな杉の樽入りもある
納得の味の「若狭もの」

ささ漬三昧

【若狭小浜丸海】

数年前“若狭の美味を訪ねる”という仕事で初めて福井を訪れ、口福な思いをしました。暖流と寒流が合流する若狭湾の魚は格別といわれ、よく行く京都の錦市場でも、ぐじ、柳むしがれいなど“若狭もの”はよく求めていましたが、現地のものは、さらに味がよかったり、安かったりして、やっぱりと納得しました。なかでも「**若狭小浜丸海**」の笹漬けは格別でした。三枚におろした小鯛などを塩と米酢でしめ、笹の葉を添えて樽漬けにしたもの。季節限定など各種ありますが、『**ささ漬三昧**』は３種類の味が楽しめるセット。おろしわさびでいただくもよし、すし飯に混ぜてもおいしいです。

冷蔵

●価格／1箱(小あじ・小鯛・きす各60g) 2625円
●注文方法／ TEL、FAX、郵便、公式HP
※支払い方法は代金引換、郵便振替、銀行振込

●若狭小浜丸海(わかさおばままるかい)
〒917-8550　福井県小浜市
川崎2丁目1-1
tel: 0120-17-3747　fax: 0770-52-5666
http: //www.wakasa-marukai.co.jp

専用の昆布蔵に寝かせて
熟成させる

蔵囲昆布

【奥井海生堂】

福井県の敦賀は江戸時代、蝦夷と上方などを結ぶ北前船の港街として栄えたところ。蝦夷からの積み荷には昆布、魚の塩蔵品などがあり、昆布はこの地で寝かせて蔵囲い昆布にしました。その伝統は今も引き継がれていて、明治４年創業の老舗「**奥井海生堂**」の『**蔵囲昆布**』は京都の料亭などに収められる高級品。北海道の各産地の浜でいっきに乾燥して運ばれてきた昆布を、専用の蔵で１年から数年寝かせ、海藻臭を抜きつつうまみを深めます。私もお正月などに気合いを入れてだしをとるときには『**蔵囲利尻昆布**』をふんぱつし、羅臼は昆布巻きに、日高は煮昆布に、と使い分けます。

●価格／蔵囲利尻昆布 (150g) 2572 円、羅臼昆布 (100g) 1785 円、日高昆布 (150g) 1732 円
●注文方法／ TEL、FAX
※支払い方法は代金引換、銀行振込、郵便振替、カード払い

●奥井海生堂 (おくいかいせいどう)
〒 914-0063　福井県敦賀市
神楽１丁目 4-10
tel: 0120-520-091　fax: 0770-22-6780
http: //www.konbu.co.jp/

福井

50品の中から選んだ
これぞさばずしの逸品

極上鯖ずし

【塩荘】

ある雑誌の企画で、さばずしのベストチョイスをしたことがあります。そのために、なんと1日で50種類のさばずしを食べました。そのときに私がこれぞさばずし、と選んだのが「**塩荘**」の『**極上鯖ずし**』。五島海域でとれた最高級の真さばを塩でしっかり締めたさばは、すっきりとした味で、厚さは通常の2倍はあろうかという立派なもの。口の小さい私は、食べるのに苦労するほどです。そしてすし飯は、福井のコシヒカリと華越前をブレンドして「**塩荘**」の敷地内にわき出る地下水で炊き上げているとのこと。脂ののったしめさばとのコンビネーションが素晴らしい逸品です。

●価格／1本 2000円　冷蔵
●注文方法／TEL、FAX
※支払い方法は代金引換、銀行振込

●塩荘（しおそう）
〒914-0037　福井県敦賀市道ノ口62-7
tel: 0770-23-3484　fax: 0770-23-8021
http: //www.shioso.co.jp/

10月中旬から5月初旬までの
季節限定のおかずみそ

はまなみそ

【ヒゲコ醸造元】

福井を訪れて最近知ったはまなみそ。徳川家康が好んだ浜松の浜納豆が福井藩に伝えられ、この地に合った越冬食に変化したのでは、といわれています。江戸末期からしょうゆの製造に携わっていた「**ヒゲコ醸造元**」の『**はまなみそ**』は、県内産の大粒大豆を使ったしょうゆもろみに、なす、しその実、ごまなどを加えたもの。私は冷ややっこや焼きなすに添えたりもします。

●価格／1パック(320g)680円、1パック(430g)890円
●注文方法／TEL、FAX
※支払い方法は郵便振替

冷蔵

●ヒゲコ醸造元(ひげこじょうぞうもと)

〒918-8004　福井県福井市西木田2丁目6-28
tel・fax: 0776-36-0215

11月から3月までしか食べられない
福井県人には欠かせない冬の味

水羊かん

【えがわ】

冬の福井空港の売店で「**えがわ**」の『**水羊かん**』を見かけたときは、この時期に水ようかん？とビックリ。黒砂糖風味のそれが、おいしかったのです。1箱550円の値段もうれしかったし。たしかに、暖かい部屋で味わうひんやりとした甘みは格別ですが、でも、なぜ冬季限定なのか、誰に聞いてもわからないのが不思議。ともかく大正時代にはこの習慣があったそうです。

●価格／1箱(550g)550円
●注文方法／TEL、FAX、公式HP
※支払い方法は代金引換、郵便振替、銀行振込、カード払い

冷蔵

●えがわ

〒910-0024　福井県福井市照手3丁目6-14
tel: 0120-55-4952　fax: 0776-22-5200
http: //www.egawanomizuyoukan.com/

東海

織田信長、豊臣秀吉、徳川家康。この戦国時代の名将たちは、いずれも東海地方の出身です。これは単なる偶然ではなく、東海地方が温暖な気候、海沿いに広がる肥沃な平地、そして豊かな海の幸などの恵まれた環境にあったことや、京都と江戸の中間に位置して、世の中の動きを見極めるのによい場所であったためと、考えられます。

その東海地方で、全国によく知られているのが、八丁みそを中心としたみそ文化でしょう。徳川家康の生地、岡崎が発祥の地で、岡崎城から八丁の位置にあった村で造られたこのみそは、家康の天下平定とともに広く世に伝えられるようになりました。みそだけでなく、みそ煮込みうどんやみそ漬けなどの料理も名物となり、最近でもみそかつやみそトーストなどの愛知特有のメニューが話題を呼んでいます。

愛知県は自動車産業を中心にした工業県のイメージが強いのですが、農業も盛ん。作物別産出額の全国順位をみると、花卉《かき》が１位、野菜と鶏卵がそれぞれ４位、乳用牛が７位、豚が９位に入っており、全体の農業産出額は５位に入るほど。この理由としては、名古屋という大消費地を県内に持つこと、また、首都圏と阪神圏の中間にあって、交通や情報網が発達していることなどがあげられます。

東隣の静岡は遠洋漁業の本拠地。浜名湖のうなぎも有名ですが、じつはうなぎの養殖は愛知が全国一。愛知の西隣の三重県は和牛のトップブランド、松阪牛の産地として知られているかもしれませんね。でも、元来は「伊勢神宮」のお膝元。伊勢参りで必ず食べたといわれる『桑名の焼きはまぐり』に代表されるように、海産物のほうが主流。たいは熊野灘沿岸や伊勢湾で養殖が行われていて、その量は全国２位に入っています。

東海地方で唯一、海のない岐阜県は、東西文化圏の接点に位置するとともに、南部は東海、山地の多い北部は北陸や中部に似た生活文化で、産物も寒暖両地域のものが揃っています。北部は長良川の鵜飼でも知られるように、あゆなど川魚が特産物になっています。

東海地方 お取り寄せ

東海地方といえば愛知に代表されるように
その食文化は独特の発展を遂げてきました。
それは江戸（東京）と京都という主要都市に
挟まれてきた時代背景があるからでしょう。
お取り寄せにもこうした歴史を反映した品々が。

静岡

江戸焼深蒸し蒲焼　桜えび
たたみいわし　黒はんぺん
わさび漬け　本わさび
ロースハム
完熟ファーストトマト

岐阜

鮎のなれずし
乾燥ソーセージ
栗琳
冷凍栗きんとん

三重

参宮あわび腸煮
松阪牛すき焼き用
養肝漬

愛知

みそ煮込うどん
半生きしめん　半生ざるきしめん
守口漬　藤団子　二人静

江戸の将軍家へも献上されていた
美濃の名産品

鮎のなれずし

【たか田八祥】

塩漬けした鮎にご飯を詰めて発酵させたのが、鮎のなれずし。室町時代には、すでに美濃名物として知られ、その後、尾張藩からも保護されて江戸時代には将軍家に献上されていた名産品です。岐阜の料亭「**たか田八祥**」の『**鮎のなれずし**』は、5月の稚鮎から10月末の落ち鮎までを塩漬けしておき、必要に応じて本漬けするため、1年中、食べ頃。乳酸菌発酵した酸味とうまみのバランスが絶妙で、酒の肴はもちろんですが、お茶漬けも好きです。また、ご主人の高田さんから聞いた、お椀も格別。薄切りにしてご飯も一緒にお椀に入れ、吸い地を張って、ちょっと蒸らします。

●価格／1箱 (125g × 2) 3800円　冷蔵
●注文方法／FAX
※支払い方法は代金引換、郵便振替

●たか田八祥 (たかたはっしょう)
〒500-8829　岐阜県岐阜市杉山町 17-2
tel: 058-262-1750　fax: 058-265-1911

岐阜

店主が修業をしたフランスの地と
気候が似た飛騨高山で作られる

乾燥ソーセージ

【キュルノンチュエ】

●価格／白かび熟成の乾燥ソーセージ１本（約110g ～）997 円～、チョリソの乾燥ソーセージ１本（約 70g ～）1029 円～

冷蔵

●注文方法／ TEL、FAX

※支払い方法は代金引換、郵便振替、銀行振込、カード払い

●キュルノンチュエ（きゅるのんちゅえ）

〒 506-0101　岐阜県高山市
清見町牧ヶ洞 3154

tel: 0577-68-3377　fax: 0577-68-3355

横文字に強くない私には覚えられなくて「あの、飛騨のソーセージの」と言うと「**キュルノンチュエ**」ね、と会社のスタッフはすぐ理解。このハムやソーセージのお店のことは、仕事がらみで訪れた名古屋で、店主にお会いして知りました。燻製品が有名なフランスのジュラ山地で３年間の修業後、気候風土が似かよった飛騨高山に、大がかりな燻製室付きのアトリエを８年前にオープン。店内には燻煙室から移された、さまざまな製品が所狭しと吊り下げられ、試食もできるとのことです。私は『**乾燥ソーセージ**』、特に赤ワインがよく合う、白かび熟成が気に入っています。

老舗の伝統に新しい風を送る
中津川の栗のお菓子

栗琳

【松月堂】

岐阜の中津川は、京と江戸を往来する人々の宿場として栄え、菓子文化も発達し、名産の栗の銘菓も数多くあります。そんななかで創業100年を迎える老舗「**松月堂**」は毎年加わる新製品が楽しみで、新栗の季節には、会社でもあれこれと味わいます。『**栗琳**』も比較的新しい品。青竹に入った栗きんとんのそぼろ、渋皮栗、青えんどうの甘納豆の味わいが絶妙の上品なお菓子です。

●価格／1棹 1785円
●注文方法／TEL、FAX、公式HP
※支払い方法は代金引換

●松月堂（しょうげつどう）
〒508-0033　岐阜県中津川市太田町2丁目5-29
tel: 0120-08-3008　fax: 0573-65-4119
http: //www.e-shogetsudo.co.jp

シャーベットからおしるこまで
さまざまに使えて重宝する

冷凍栗きんとん

【ヤマツ食品】

1999年“全国栗サミット”が開かれた中津川を初めて訪れ、栗を使ったお菓子とそのお菓子屋さんの多さを改めて実感しました。「**ヤマツ食品**」の『**冷凍栗きんとん**』は、その折りに知って感激した製品。よく見かける茶巾絞りのようなお菓子ではなく、ゆで栗の裏ごしに砂糖を入れただけのマッシュタイプ。茶巾絞りにしたり、我が家では娘が生クリームを加えてモンブランなどを作り、重宝しています。

●価格／1箱(300g) 1050円、1箱(1kg) 3150円
●注文方法／TEL、FAX
※支払い方法は代金引換、郵便振替、銀行振込

冷凍

●ヤマツ食品（やまつしょくひん）
〒508-0004　岐阜県中津川市花戸町4-7
tel: 0573-65-2070　fax:0573-65-5009

じっくり蒸してから焼いた
あっさりとした味わい

江戸焼深蒸し蒲焼

【うなぎ藤田】

お会いする機会の多い服部幸應先生とは、よく、おいしいものの情報を交換しますが、このうなぎのかば焼きもそのひとつ。先生ごひいきの『**江戸焼深蒸し蒲焼**』を一緒にいただいて、私も好きになりました。明治時代、浜名湖のうなぎの行商から始まったという「**うなぎ藤田**」。今は、地元の養鰻場からうなぎを仕入れ、地下水に１週間移して身をしめたうなぎを使っています。かば焼きは、関東と関西とではうなぎの開き方や焼き方などが違いますが、『**江戸焼深蒸し蒲焼**』は、関東風の手法でじっくり蒸して焼き上げたもの。あっさりした味わいが特徴ですね。

●価格／１箱 (120g × 3 串、きも吸い 3 人前)
6300 円ほか (送料はすべて無料)
●注文方法／ TEL、FAX、公式 HP
冷蔵
※支払い方法は代金引換、郵便振替、銀行振込、カード払いほか

●うなぎ藤田 (うなぎふじた)

〒 433-8118　静岡県浜松市
小豆餅 3 丁目 21-12
tel: 053-430-0606　fax: 053-430-0611
http://www.unagifujita.net

カルシウムたっぷりの
駿河湾特産のえび

桜えび

【えび金販売】

駿河湾の桜えびの天日干しは、ニュースなどでおなじみの春の風物詩。秋の漁獲もありますが、富士川の河川敷などが干した桜えびで桜色に染まるのが桜の時期と重なるせいか、春のイメージが強いのでしょう。最近は、とりたてを瞬間凍結した『**生桜えび**』や、さっとゆがいて凍結した『**釜揚**』が人気。私も季節になると玉ねぎやみつばとのかき揚げが作りたくなります。

●価格／生桜えび 1 パック (90g) 630 円 、桜えび釜揚 (100g) 630 円

冷凍

●注文方法／ TEL、FAX

※支払い方法は代金引換、郵便振替、銀行振込

●えび金販売 (えびきんはんばい)

〒 425-0091　静岡県焼津市八楠 4 丁目 13-7
カクチョウ商店内

tel: 054-627-8909　fax: 054-628-4423

カルシウム豊富で子供のおやつにも
骨粗鬆症予防にもよい

たたみいわし

【カネトモ】

「**カネトモ**」は、店主が自らを頑固オヤジと称して、こだわりの干物を作っていますが、ここの、天日でしっかりと干し上げた『**たたみいわし**』もこだわりの品。これは、かたくちいわしの稚魚を生のまま板状に薄くすいて干し上げたもの。昔は、庶民的な酒の肴として、また、子供の骨を丈夫にするからと、おやつなどにもよく食べられていました。さっとあぶってどうぞ。

●価格／ 1 パック 5 枚入り 950 円

●注文方法／ TEL、FAX

※支払い方法は代金引換、郵便振替、銀行振込

●カネトモ (かねとも)

〒 410-0835　静岡県沼津市西島町 13-22

tel: 055-931-1460　fax: 055-931-8212

http://www.ajinokanetomo.co.jp

静岡

黒はんぺん

【蒲菊】

東京生まれの私は、はんぺんは真っ白で四角く、ふかふかと思っていましたが、料理記者になって、各土地に独特のものがあることを知りました。静岡特産の『**黒はんぺん**』は、かまぼこの老舗「**蒲菊**」のものをいただいて、食感も味もしっかりした食べごたえに魅力を感じました。土地ではおでんに欠かせないそうですが、私はさっとあぶり、しょうがじょうゆでいただきます。

●価格／1パック10枚入り525円　冷蔵
●注文方法／TEL、FAX、公式HP
※支払い方法は代金引換、銀行振込、カード払い

●蒲菊（かまきく）
〒420-0031　静岡県静岡市葵区呉服町2丁目8-10
tel: 054-252-0517　fax: 054-255-7267
http: //www.kamakiku.com/

いわしが主原料の
食べごたえのある食感

わさび漬け　本わさび

【野桜本店】

知る人ぞ知るわさびの店「**野桜本店**」。お嫁さんに教えてもらって以来、おいしいわさび漬けはここ、になりました。先代の“看板などなくともお客様が訪ねてきてくださる店を”との教えを守り、いまだにのれんだけ、と聞いています。私は、じっくり熟成させたまろやかな酒粕が、わさびの辛みをいっそう引き立てる『**辛口**』が好き。上質の『**本わさび**』も、一緒にいかが。

●価格／辛口わさび漬け缶入り(230g) 1050円
本わさび1本(約50g) 840円　冷蔵
●注文方法／TEL、FAX、公式HP
※支払い方法は代金引換、郵便振替

●野桜本店（のざくらほんてん）
〒420-0017　静岡県静岡市葵区葵町39
tel: 054-252-0252　fax: 054-251-2448
http: //www.nozakura.com

わさび発祥の地で
昔ながらの製法を守っている

しっとりとして風味のよい
手作りならではの品

ロースハム

【御殿場ハム 石川商店】

東京芸大教授で陶芸家、本当の意味でグルメだった故浅野陽先生には、おいしいものをずいぶん教えていただきました。富士のすその御殿場にある「**御殿場ハム 石川商店**」の『**ロースハム**』も。明治末の創業当時、御殿場で唯一の食肉店だったこの店は、昭和20年代にハム作りを始めました。香りがよく、舌にまつわるようなしっとり感のある『**ロースハム**』は手作りならではのおいしさ。

●価格／100g 494円、1本4000円～6000円位
●注文方法／TEL、FAX、公式HP
※支払い方法は郵便振替

冷蔵

●御殿場ハム 石川商店(ごてんばはむ いしかわしょうてん)
〒412-0043 静岡県御殿場市新橋1982
tel: 0550-82-1129 fax: 0550-82-1875
http: //www.gotenba-ham.com

“ルーツ農法” から生まれた
トマトの味がしっかりする

完熟ファーストトマト

【りょくけん】

最近は水分が少なく甘みの強いトマトが多くなりましたが、「**りょくけん**」のトマトはそのさきがけ。安心して食べられるおいしい農産物の生産をしている「**りょくけん**」では、原生地の気候風土を再現する栽培法がよいと確信し、水や肥料をできるだけ控えた “ルーツ農法” を行っています。トマトは故郷のアンデスがお手本。いかにもトマトらしい味の『**完熟ファーストトマト**』は、そのまま、何もつけずにいただきます。

●価格／1箱(約1.4kg) 3465円 ※出荷時期:2月下旬～5月
●注文方法／TEL、FAX、公式HP
※支払い方法は代金引換、郵便振替、コンビニ払い、カード払い

冷蔵

●りょくけん
〒431-2102 静岡県浜松市都田町7709-6
tel: 0120-014769 fax: 053-428-3399
http: //www.211831.jp

いくら煮込んでも、しこしこと
コシがあるうどんが特徴

みそ煮込うどん

【山本屋総本家】

「**山本屋総本家**」で初めて『**みそ煮込うどん**』を食べたときは、話には聞いていたものの、八丁みその風味と色がしみこんだうどんが“やっぱり堅い”と感じました。でも、東京の煮込みうどんの鍋焼きとはまったく違う、この味と食感こそが、名古屋の人が愛してやまない故郷の味なのです。時間をかけて煮込んでも、柔らかくならず、しっかりこしがあるのが、この煮込みうどんの特徴。私も、何度も食べるうちにおいしさがわかるようになりました。煮込み用の味みそとだしが一緒になった、ストレートだしみそ付きもあり、こちらはより手軽に味わえます。

●価格／みそ煮込みうどん 1 人前 630 円、1 箱 (4 人前) 2625 円ほか
●注文方法／ TEL、FAX、郵便、公式 HP
※支払い方法は郵便振替

●山本屋総本家 (やまもとやそうほんけ)
〒 460-0008　愛知県名古屋市
中区栄 3 丁目 12-19
tel: 052-322-0521　fax:052-322-5930
http://www.yamamotoya.co.jp/

かけ用とざる用とでは異なる
こだわりの半生のきしめん

半生きしめん　半生ざるきしめん

【吉田麺業】

きしめんも、全国に知られた名古屋名物。幅広で薄く、ツルツルとした食感は、みそ煮込みの麺とは対照的です。パスタでもタリアテッレのような平麺は、火の通りが早くソースのからみがよいのですが、きしめんも短時間でゆだり、つゆの味がなじみやすい点は、合理的な名古屋人気質に合っているのかもしれませんね。名古屋の知人が太鼓判を押した「**吉田麺業**」は、明治時代創業の麺ひと筋の店。半生のきしめんは、冷たいざる用により薄く少し細くした『**半生ざるきしめん**』もあり、薬味食いの私は、ねぎとしょうが以外にも、みょうがや青じそなどもたっぷり添えていただきます。

●価格／半生きしめん 6 人前 (300g × 3 袋、めんつゆ 6 袋) 780 円
半生ざるきしめん 6 人前 (300g × 3 袋、ざるつゆ 6 袋) 780 円
●注文方法／ TEL、FAX、郵便、公式 HP
※支払い方法は代金引換、郵便振替

●吉田麺業 (よしだめんぎょう)
〒 454-0869　愛知県名古屋市
中川区荒子 5 丁目 36-1
tel: 0120-77-2875　fax: 052-353-8146

愛知

地中深く根を張る
細長い大根のみりん粕漬け

守口漬

【喜多福総本家】

長さが 1m を超す細長い守口大根を、みりん粕漬けにしたのが守口漬け。現在では、特定の農家が、愛知県木曽川流域と岐阜県の長良川流域で契約栽培しているこの大根を「**喜多福総本家**」の初代が粕漬けにして 100 余年、『**守口漬**』の元祖として伝統の味を守っています。守口大根は地中深く根を張るだけに、非常に繊維がしっかりしているのが特徴。酒粕だけでなくみりんを加えることで、みりんの糖分が繊維を適度にほぐし、あの独特のカリカリした歯ごたえが生まれると聞いたことがあります。細かく刻んで、温かいご飯に混ぜてもおいしいですね。

●価格／樽入り (600g) 3150 円、箱入り (250g) 1050 円ほか
●注文方法／ TEL、FAX、郵便
※支払い方法は代金引換

●喜多福総本家 (きたふくそうほんけ)
〒 460-0008　愛知県名古屋市
中区栄 1 丁目 4-9
tel: 052-231-2888　fax: 052-231-5073

藤の花房をかたどったとも、
藤原氏にちなんだからともいわれる

藤団子

【きよめ餅総本家】

だいぶ以前、会社のスタッフが『**藤団子**』を持ってきたとき、思わず「これ、なあに？」と尋ねてしまいました。おかげで、名古屋の熱田神宮に伝わる、五穀豊穣を願った干菓子を、老舗の「**きよめ餅総本家**」が再現したものと知りましたが、見た目は、まるでフランス菓子のリキュールボンボンのような、おしゃれな雰囲気。かりっとして、甘すぎない素朴な味わいも気に入りました。

●価格／1箱5房入り1050円、1箱10房入り1995円
●注文方法／TEL、FAX、郵便、公式HP
※支払い方法は郵便振替

●きよめ餅総本家（きよめもちそうほんけ）

〒456-0031　愛知県名古屋市
熱田区神宮3丁目7-21
tel: 052-681-6161　fax: 052-681-6160
http: //www.kiyome.net/

空になっても捨てずに
とっておきたくなる風雅な箱入り

二人静

【両口屋是清】

名古屋の菓子舗「**両口屋是清**」は創業370年余の老舗で、有名な『**二人静**』は、薄紙に包まれた女性の指先ほどの紅白の和三盆糖の干菓子。八角の木箱入りもあるそうですが、私がイメージする『**二人静**』は典雅な大宮人が描かれたきれいな化粧箱入りのもの。ふたを開けると内側はあでやかな桃色で、その凝った意匠に心ひかれ、いただく前からうれしくなります。

●価格／平箱20粒入り651円、深箱35粒入り1050円ほか
●注文方法／TEL、公式HP
※支払い方法は代金引換、郵便振替、銀行振込

●両口屋是清（りょうぐちやこれきよ）

〒460-0002　愛知県名古屋市中区
丸の内3丁目14-23
tel: 0120-052062　fax: 052-961-5275
http: //www.ryoguchiya-korekiyo.co.jp

いにしえから伊勢神宮に供えられてきた
あわびをじっくりと煮た逸品

参宮あわび脹煮

【伊勢せきや本店】

その昔、倭姫命が天照大神を祀る場所を探して伊勢国にたどり着いたときに、この地をその場所とするようにとのご神託で、伊勢神宮が誕生したと伝えられています。その倭姫命は鳥羽の国崎で海女から献上された見事なあわびが気に入り、伊勢神宮にあわびが献上されることになったそうです。現在でもあわびは、供え物の中でも最も重要な品。伊勢神宮のお膝元にある「**伊勢せきや本店**」の『**参宮あわび脹煮**』は、ふっくらと柔らかく、あわびのうまみが堪能できます。私は、あまり薄く切らずに食べたいですが…。煮汁は、せん切りのしょうがを加えた炊き込みご飯に利用します。

●価格／1箱2個入り(約80g×2)8400円ほか
●注文方法／FAX、郵便、公式HP
※支払い方法は代金引換、郵便振替、銀行振込

●伊勢せきや本店(いせせきやほんてん)

〒516-0074　三重県伊勢市
本町19-19(外宮前)

tel: 0596-23-3141　fax: 0596-23-3143

http://www.sekiya.com/

食べ盛りの孫たちにも
たっぷり食べさせられる

松阪牛すき焼き用

【朝日屋】

ブランド牛肉の松阪牛は、兵庫県但馬地方で生まれて優秀な血統をもつ仔牛を、松阪に近い地域で２年以上肥育したものを指します。おいしいけれど高いイメージが強いのですが、「**朝日屋**」の『**松阪牛すき焼き用**』は、家でたっぷりおいしいすき焼きを食べたいときにおすすめ。牛の仕入れから販売までを一貫して行い、中間マージンを徹底して省くために価格が抑えられるとのこと。

●価格／ロース 100g 1260 円～ 3150 円　冷蔵
●注文方法／ TEL、FAX、公式 HP
※支払い方法は代金引換、郵便振替、銀行振込

●朝日屋 (あさひや)
〒 514-0031　三重県津市北丸之内 20
tel: 0120-29-1616　fax: 059-225-6841
http: //www.asahiya.net/

つい、ご飯を食べすぎてしまう
こっくりした味

養肝漬

【養肝漬 宮崎屋】

『**養肝漬**』は伊賀特産の白瓜の芯をくりぬき、刻んだきゅうり、しょうがなどを詰め、たまりしょうゆに漬けたもの。ご当地の藩主が陣中食として常備し、武士の肝を養うということから命名したと伝えられています。「**養肝漬 宮崎屋**」は６代にわたってこの漬け物を作っていますが、従来の２年漬けの『**昔味**』以外に、塩分を約半分に抑えた１年漬けの『**新味**』もあります。

●価格／１本 (昔味・新味とも) 420 円
●注文方法／ TEL、FAX、郵便
※支払い方法は郵便振替、銀行振込

●養肝漬 宮崎屋 (ようかんづけ みやざきや)
〒 518-0869　三重県伊賀市上野中町 3017
tel: 0120-21-5544　fax: 0595-21-9625

近畿

政治の中心が京の都から江戸に移って500年近くがたつというのに、京の街ではいまだに日本の都の意識が強く残っており、とかく東京を地方扱いしたい気風があります。

たしかに日本の伝統文化と呼ばれるものの多くは、京都をはじめとする近畿圏に端を発し、食もそのひとつ。世界が称賛する日本料理の麗しく、繊細かつ豊かな味わいは、千年の歴史に支えられた京料理の延長にあるものでしょう。

そのいっぽうで、大阪や兵庫にみられるように、人々は異文化も積極的に取り入れる柔軟性をも持ち合わせています。これは商人が生んだ合理性とも通ずるものです。ともすれば、上方は日常の食生活がつましいというか合理的で、無駄を出さないという思想が浸透しているように思われます。

ただ、近畿地方は地形や気候が複雑に入り組んでおり、なかなか型にはめきれません。海のない奈良県、海はなくても琵琶湖の魚が食卓を潤す滋賀県、温暖な気候で海の幸にも山の幸にも恵まれている和歌山県、南北で気候も文化も異なる京都府、

「近畿地方の風土と食」

日本海側、中央の山間地、そして瀬戸内側と３つの文化を有する兵庫県といった具合です。

大阪のイメージが強いために商業が主流と思われがちですが、関東や東海地方と同じく大消費地が近いことから、農業も盛んに行われています。たとえば滋賀県。近江盆地は昔から米の産地として知られ、コシヒカリやすし飯に向く日本晴などのうるち米、もち米、酒米など種類も豊富です。

兵庫では人気の神戸牛や松阪牛の祖先にあたる但馬牛の飼育が行われているほか、淡路島では米、白菜、玉ねぎの三毛作が行われています。和歌山県は南高梅で知られるように梅の生産量が全国の５割以上、はっさくも全国の６割近くを占めます。いっぽう京都では聖護院大根、加茂なすなど伝統の京野菜が大切に栽培されています。

いずれにしても近畿地方の里や海、山でとれる産物は秀作揃い。食い倒れの街、大阪に集まる豊かな食材はさすがに違うと思います。

近畿地方

お取り寄せ

古都、京都に商業都市の大阪、
貿易で名を馳せる兵庫、文化の街の奈良、
そして琵琶湖で有名な滋賀に、
山の幸に恵まれた和歌山と
さまざまな顔を持つ近畿地方は
お取り寄せも質、量ともに豊富です。

兵庫
たこつや煮
穴子の白焼き・つけ焼き
いかなごのくぎ煮
丹波黒
山の芋
玉椿
滋賀
鮒寿し
赤こんにゃく
大津画落雁
京都
京生麩
東寺湯葉
つまみ湯葉
筍寿し
チリメン山椒
黒七味
京漬け物
紫野松風
京のよすが
奈良
柿の葉すし
飛鳥の蘇
吉野葛たあめん
奈良漬
大阪
箱寿司
おぼろ昆布
とろろ昆布
まつのはこんぶ
水なす
水なすの浅漬け
たこやき
巻絹
特上 利休の詩
梅花むらさめ
和歌山
梅干し
胡麻豆腐
金山寺味噌

今考える“最後の晩餐”
鮒ずしのお茶漬け用候補

鮒寿し

【魚治】

そのときにならないとわかりませんが、私の“最後の晩餐”は、鮒ずしのお茶漬けではないかと今は思っています。鮒ずしはいろいろ食べてきましたが、現在は「**魚治**」のものに落ち着きました。ここの『**鮒寿し**』は源五郎鮒よりも味がよいからと、似五郎鮒を使っています。春の卵を抱えたものを３か月塩漬けし、土用にご飯に漬けてふた冬を越して熟成させると、酸味と塩味、うまみが渾然一体となった、得も言われぬとしかいいようのない独特の風味が生まれます。好みによりますが、お茶漬けにするなら、私はお米は除き、白湯でいただきます。

●価格／１尾 5250 円から
●注文方法／ TEL、FAX
※支払い方法は代金引換、郵便振替

●魚治（うおじ）
〒 520-1811　滋賀県高島市
マキノ町海津 2304
tel: 0740-28-1011　fax: 0740-28-1271
http: //www.uoji.co.jp/

鮮やかな紅色が
料理に彩りを添える

赤こんにゃく

【森商店】

お客様に近江八幡名物の赤いこんにゃくをお出しして、ビックリされたことがあります。八幡こんにゃくとか紅殻こんにゃくとも呼び、派手好みの織田信長にちなんだものとも伝えられています。赤い色は三二酸化鉄を加えているから。普通のこんにゃくと同様に使いますが、くせのない上品な味わいで、料理に彩りを添えます。「**森商店**」の甘めに煮たものもよいお味です。

●価格／赤こんにゃく 1 パック (330g) 250 円、赤こんにゃく味付 1 パック (200g) 420 円、ツキこんにゃく 1 パック (270g) 250 円
●注文方法／ TEL、FAX、E メール
※支払い方法は代金引換、郵便振替

●森商店 (もりしょうてん)
〒 523-0004　滋賀県近江八幡市西生来町 270
tel: 0748-37-6270　fax: 0748-38-0657
e-mail: info@aka-kon.com

大津絵を彫り込んだ
江戸時代の木型で打った落雁

大津画落雁

【藤屋内匠】

大津絵は、江戸の頃から、京へ向かう大津の街道筋で、人々に親しまれた素朴な民画。現在 13 代目という伝統ある菓子舗「**藤屋内匠**」がこの絵を彫り込んだ木型を使って和三盆の落雁に仕立てたのが『**大津画落雁**』。繊細な絵がくっきり浮き上がった見事なできばえで、口に入れるのがためらわれるほど。久しぶりにコーヒーと味わって、口の中ですーっと溶ける品のよいまろかな甘みに感激しました。

●価格／ 1 箱 (18 枚入り) 1050 円から
●注文方法／ TEL、FAX
※支払い方法は代金引換

●藤屋内匠 (ふじやたくみ)
〒 520-0043　滋賀県大津市中央 3 丁目 2-28
tel: 077-522-3173　fax: 077-524-4661

ヘルシーな植物性たんぱく質の
繊細な味と細工の京の伝統食品

京生麩

【麩嘉】

以前、京都の知人のお嬢さんが東京で結婚披露宴をなさったときのことです。フレンチのメニューでしたが、コンソメの浮き実は京都の生麩の専門店「**麩嘉**」の『**手まり麩**』。その素晴らしい調和に、日本の食文化の奥深さを感じました。生麩は小麦粉のグルテンにもち粉を加えて加工したもの。鎌倉時代末期頃に中国から伝えられたとされ、禅僧たちのたんぱく質源として貴重なものでしたし、精進料理や懐石料理にも欠かせない食材。ヘルシーでおしゃれな植物性たんぱく質食品として、煮物、汁の実はもちろん、サラダに入れたりバターで炒めたり、とさまざまな料理法が楽しめます。

●価格／よもぎ麩1本577円、手まり麩1個（赤、緑とも）168円、青かえで1本315円
冷蔵
●注文方法／TEL、FAX
※支払い方法は代金引換、郵便振替、銀行振込
※要予約

●麩嘉（ふうか）
〒602-8031　京都府京都市上京区
西洞院椹木町上ル
tel: 075-231-1584　fax: 075-231-3625

豆にうるさいお豆腐屋さんが
作るからこそおいしい

東寺湯葉　つまみ湯葉

【とようけ屋山本】

麩と同様、生と干したものがある湯葉も、豆腐とともに中国から伝来した、大豆から作られる食品。京都、北野の豆腐店「**とようけ屋山本**」は現在の３代目のご主人が、伝統の技法に、新しい感覚を加えた商品作りに取り組んでいますが、ご紹介する２品は伝統的な生湯葉製品。百合根やぎんなんを包んで揚げた『**東寺湯葉**』は煮物に、『**つまみ湯葉**』はわさびじょうゆでどうぞ。

●価格／東寺湯葉１個 210 円
つまみ湯葉１パック 315 円
冷蔵
●注文方法／ TEL、FAX
※支払い方法は郵便振替

●とようけ屋山本 (とようけややまもと)
〒 602-8336　京都府京都市上京区
七本松通一条上ル滝ヶ鼻町 429-5
tel: 075-462-1315　fax: 075-462-1588
http://www.toyoukeya.co.jp/

京の四季を味わう
老舗料理屋の春限定の味

筍寿し

【鮎の宿 つたや】

八百屋で京都のたけのこを見かけるようになると、「**鮎の宿 つたや**」の『**筍寿し**』に思いを馳せます。「**つたや**」は京都の保津川沿いの愛宕街道にある料理屋。たけのこ、あゆ、まつたけなどの四季折々の京の味が楽しめますが、春はたけのこを、朝掘りのもの、ゆでたり炊いたりしたもの、そして半割にして薄味に炊いたたけのこにすし飯を詰めた『**筍寿し**』も発送しています。もちろん、たけのこの季節限定ですが。

●価格／１本 1575 円
●注文方法／ TEL、FAX
※支払い方法は代金引換

●鮎の宿 つたや (あゆのやど つたや)
〒 616-8437　京都府京都市右京区
嵯峨鳥居本仙翁町 17
tel・fax: 075-861-0649

実山椒をたっぷり加え
香り豊かに炊き上げた

チリメン山椒

【はれま】

以前は「**はれま**」の『**チリメン山椒**』は簡単には手に入れられない品でした。そんな希少価値の頃から私もファンでしたが、現在はいつでも取り寄せられてうれしいですね。京都らしく実山椒がたっぷりで香り豊か。保存料などを使わない昔ながらの手作りです。お茶漬けやおかゆに添えたり、炊きたてのご飯に混ぜたり、またそのまま酒の肴としてもいただきます。

●価格／パック詰 (95g) 1200 円、折詰 (72g) 1050 円から
●注文方法／ TEL、FAX、公式 HP
※支払い方法は代金引換

●はれま
〒 605-0801　京都府京都市東山区川端松原下ル
tel: 0120-10-8070　fax: 075-541-3127
http: //www.harema.co.jp/

元禄に創業した
一子相伝の店の人気の薬味

黒七味

【原了郭】

京都、祇園の「**原了郭**」は赤穂四十七士のひとり、原惣右衛門元辰の一子が創業。香煎と薬味の製造と販売を行っていて、私も昔から通りかかるとつい寄りたくなるお店です。薬味は『**粉山椒**』、『**一味**』のほか、『**黒七味**』が大人気。七味唐辛子と同じ材料ながら、手揉の手間をかけた、風味よく香ばしい黒褐色の七味。ちなみに香煎は、湯に溶かして飲む、ハーブティーのようなもの。

●価格／丸木筒入り (13g) 1260 円、袋入り (10g) 367 円
●注文方法／ TEL、FAX、公式 HP
※支払い方法は代金引換、カード払い

●原了郭 (はらりょうかく)
〒 605-0073　京都府京都市東山区祇園町北側 267
tel: 075-561-2732　fax: 075-561-2712
http: //www.kyoto-wel.com/shop/S81110/

今風のフレッシュ感のある
軽やかな味

京漬け物

【加藤順漬物店】

冷蔵

●価格／菜の花漬 1 パック 630 円、すぐき 1 パック 1365 円くらい、あじしば 1 パック 525 円
●注文方法／ TEL、FAX、郵便、公式 HP
※支払い方法は代金引換、郵便振替、銀行振込

●加藤順漬物店 (かとうじゅんつけものてん)
〒 606-8382 京都府京都市左京区
二条大橋入ル大文字町 165-3
tel: 075-771-2302 / 075-761-5827
fax: 075-752-0290
http: //www.katojun.co.jp

京都に行くと、おいしい漬け物がいろいろあって、なにをどこで買うか、いつも楽しみですが、迷ってもしまいます。

最近、京都の知人からいただいた「**加藤順漬物店**」の製品は、フレッシュ感のある味が新鮮でした。というのも、私がなじんでいる京都の漬け物は、乳酸菌発酵が充分にすすんだ、いかにも京都らしい、しんねりとした味。ところが「**加藤順漬物店**」のものは『**菜の花漬**』は色鮮やか、『**すぐき**』は酸味がやわらか、柴漬けの『**あじしば**』は香り高く、どちらかといえば、軽やかな味。好みにもよりますが、今風の若い人向きの味といえるでしょう。

京都

京都ならではの、白みその風味と
もっちりとした食感が特徴

紫野松風

【松屋藤兵衛】

京都には、白みそ風味のもっちりとした焼き菓子で知られた店が何軒かあります。私はこの独特の風味のお菓子が好きで、ときどき無性に食べたくなります。大徳寺そばの「**松屋藤兵衛**」の『**紫野松風**』もそのひとつ。生地に大徳寺納豆が入り、表面に白ごまがふってあります。どの店のものにも共通している松風という名は、能の“松風”に由来していると聞きます。

●価格／1箱10個入り840円ほか
●注文方法／TEL
※支払い方法は現金書留のみ

●松屋藤兵衛(まつやとうべえ)

〒603-8214　京都府京都市北区
北大路紫野大徳寺バス停前
tel: 075-492-2850

箱を開けるたびに
喜びを感じる雅な干菓子

京のよすが

【亀末廣】

「**亀末廣**」の『**京のよすが**』は、京都の食文化を象徴するような雅な干菓子。私たちは箱の造りから“四畳半”とも呼びますが、5つの仕切りの中に京の四季を映したさまざまな姿と味の干菓子が収められていて、季節によって景色が変わります。200年近い歴史をもつ「**亀末廣**」には“売って喜ぶより、買って喜んでいただく”という家訓があると聞きますが、私も、箱のふたを取るたびにこのお菓子に出会えた喜びを感じます。

●価格／1箱 3200円から
●注文方法／TEL、FAX
※支払い方法は郵便振替、銀行振込

●亀末廣(かめすえひろ)

〒604-8185　京都府京都市中京区
姉小路通烏丸東入ル
tel・fax: 075-221-5110

手許に届くときが
ちょうど食べ頃になる

柿の葉すし

【柿の葉すし本舗 たなか】

奈良県南部吉野川添いの五條は柿の産地。柿の葉すしはこの地で生まれた郷土料理で、夏祭りに欠かせないごちそうとして、昔から親しまれてきました。

「柿の葉すし本舗 たなか」の**『柿の葉すし』**は、ひとつずつ柿の葉できっちりと包み、杉の箱に収められています。このすしは、さば、鯛、さけの3種類で、必ず、注文を受けてから作って発送するとのこと。箱詰めしたあとも熟成が進むので、手許に届くときが、ちょうど食べ頃になるそうです。柿の葉が魚のくせを消し、魚のうまみがすし飯に移り、いついただいても納得の味です。

●価格／木箱 18 個入り (さけ・さば詰め合わせ) 2552 円、木箱 18 個入り (鯛・さけ・さば詰め合わせ) 2940 円ほか
●注文方法／ TEL、FAX、公式 HP
※支払い方法は郵便振替、コンビニ払い

●柿の葉すし本舗 たなか
(かきのはすしほんぽ たなか)

〒 637-0014　奈良県五條市住川町 1490

tel: 0120-111-753　fax: 0120-013-753

http: //www.kakinohasushi.co.jp

牛乳をひたすら
煮つめて作る万葉の滋味

飛鳥の蘇

【西井生乳牧場】

蘇は古代のチーズと言われる、万葉の時代の乳製品。飛鳥が日本の中心として栄えていた７世紀には作られていたといいますが、当時の木簡の記録をもとに試行錯誤の末、「**西井生乳牧場**」が作り出したのが『**飛鳥の蘇**』。チーズといっても、菌を使って発酵させたものではなく、牛乳をただひたすら煮つめるだけ。口に含むと、甘みを控えたキャラメルのようなクリーミーな味で、赤ワインによく合います。

●価格／１箱 (80g) 1000 円　冷蔵
●注文方法／ TEL、FAX
※支払い方法は代金引換のみ

●西井生乳牧場
(にしいせいにゅうぼくじょう)

〒 634-0022　奈良県橿原市南浦町 877
tel: 0744-22-5772　fax: 0744-22-5764

吉野の気候と特産品を生かした
ユニークな麺

吉野葛たあめん

【升屋】

奈良県の吉野の冬は寒さが厳しく乾燥していて、麺の製造に向いています。そしてこの地の特産品の吉野くずと清澄な湧き水を小麦粉に加えて手延べにしたのが「**升屋**」の『**吉野葛たあめん**』。そうめんよりも太めで、くず特有のこしがあり、つるつるとのどごしよく食べられます。夏バテには縁のない私ですが、食欲不振の方などにおすすめ。煮くずれしないので鍋物の具にも向きます。

●価格／１箱 24 束入り (1 束 50g) 3150 円ほか
●注文方法／ TEL、FAX、郵便、公式 HP
※支払い方法は代金引換のみ

●升屋 (ますや)

〒 633-2421　奈良県吉野郡東吉野村小川 727
tel: 0746-42-0020　fax: 0746-42-0220
http: //www.yoshino-masuya.com

酒粕だけの
自然な甘みが私好みの味

奈良漬

【森奈良漬店】

野菜を粕につけた奈良漬けは奈良が発祥の地。歴史は古く、平安時代の記録にも残っていますが、庶民が口にすることができるようになったのは、江戸時代に入ってから。

左党の私は、奈良漬けも好きですが、甘すぎない「**森奈良漬店**」のものは好みの味です。酒粕の甘みだけで砂糖やみりんは使わず、材料の野菜は契約栽培のものだけ。明治の初めに創業し、東大寺のすぐ近くで、きっちりと本物の味を作り続けています。おなじみの瓜のほか、ひょうたん、すもも、しょうが、京にんじんなどの珍しいものもあります。

●価格／木箱入り（瓜、きゅうり、人参、ひょうたんなど10種入り）5250円ほか
●注文方法／TEL、FAX、郵便、公式HP
※支払い方法は代金引換、銀行振込、郵便振替、カード払い

●森奈良漬店（もりならづけてん）
〒630-8212　奈良県奈良市春日野町23
tel: 0742-26-2063　fax: 0742-27-3148
http: //www.naraduke.co.jp

使う目的に合わせて
好みの塩分のものが選べる

梅干し

【谷井農園】

食欲のないときに、梅干しを芯にしたおむすびや、梅干しを添えたおかゆにほっとした経験は、どなたもお持ちでしょう。このように私たちの味覚に欠かせない梅干しは、後世に残ってほしい日本の味ですね。和歌山の「**谷井農園**」の『**梅干し**』は使う目的に合わせて選べるのが気に入っています。朝、お茶といただくなら塩分が 6% のフルーティーな『**ほのか**』、あえものなどに使うなら 8% 塩分の『**あじわい**』。そして、お弁当のおむすびには同じく塩分が 8% でしそ付きの『**しそ梅**』を。いずれも無農薬の南高梅を保存料などの添加物を使わずに漬け込むので、小袋詰めで賞味期限付き。

●価格／あじわい (230g × 2) 2310 円、ほのか (300g × 2) 2940 円、詰め合わせ (あじわい・しそ梅・ほのか各 300g) 3990 円
●注文方法／ TEL、FAX、E メール
※支払い方法は代金引換

●谷井農園 (たにいのうえん)
〒 643-0005　和歌山県有田郡
湯浅町栖原 175
tel: 0120-44-5554　fax: 0120-74-5545
e-mail: order@taniifarm.jp

豊かなごまの風味と
なめらかなのどごしの高野山の味

胡麻豆腐

【濱田屋】

紀州の霊場、高野山にときどきお参りに行く和歌山の知人が、必ず立ち寄るというのが「**濱田屋**」。明治初年創業以来、おいしい『**胡麻豆腐**』で知られています。私も彼女からいただいて、ごまの香り豊かで、さらっとした上品な味に、ていねいな仕事ぶりを感じました。白ごま、吉野くず、敷地内の湧き水だけが材料の、ピュアな高野山の味です。

●価格／1箱6個入り1386円ほか　冷蔵
●注文方法／FAX、郵便
※支払い方法は代金引換、現金書留、銀行振込

●濱田屋(はまだや)
〒648-0211　和歌山県伊都郡高野町高野山444
tel: 0736-56-2343　fax: 0736-56-3075

鎌倉時代からお寺で作られていた
野菜入りのまろやかな味のみそ

金山寺味噌

【丸新本家】

700年近く前、中国の金山寺でみその製法を学んだ僧が、和歌山県の由良の寺に伝授したのが金山寺みその誕生で、これがすぐに湯浅に伝わったといわれています。地元の人が太鼓判を押す「**丸新本家**」の『**金山寺味噌**』は、瓜やなす、しそなどの野菜がたっぷりの、熟成したまろやかな味。私は、生野菜に添えたり、冷ややっこにのせたりもします。

●価格／樽入り(500g) 1050円、折り箱入り(350g) 740円ほか
●注文方法／FAX、郵便、公式HP
※支払い方法は代金引換、郵便振替、銀行振込

●丸新本家(まるしんほんけ)
〒646-0011　和歌山県田辺市新庄町2915-333
tel: 0120-345-124　fax: 0739-25-7474
http: //www.marushinhonke.com

伝統の技法と味が楽しめる
浪花ならではのおすし

箱寿司

【吉野鮓】

大阪ですしといえば、箱ずし。江戸前のにぎりは少なめのしゃりで生の魚介を味わいますが、箱ずしは、煮たしいたけやのりをはさんだすし飯に、酢でしめた白身魚やえび、焼きあなご、卵焼きなどのネタを張って押したもの。あるていど時間がたってもおいしく食べられるのも、にぎりとはちがう点です。この『**箱寿司**』を世に送り出したのは、創業160年余になる「**吉野鮓**」の３代目。現代に引き継がれた浪花の味が取り寄せられるのはうれしいですね。関西のおすしはご飯が甘めで、女性好み。私は、女学校のお友達の家での昼食会などに、お送りしておいて、喜ばれています。

●価格／１箱２枚入り 3360円から
●注文方法／TEL、FAX、公式HP
※支払い方法は代金引換、郵便振替、銀行振込

冷蔵（6～9月）

●吉野鮓（よしのすし）
〒541-0047　大阪府大阪市中央区
淡路町３丁目4-14
tel: 06-6231-7181　fax: 06-6231-1828
http://www.yoshino-sushi.co.jp/

熟練の手作業の
おいしさが堪能できる

おぼろ昆布　とろろ昆布

【長池昆布】

大阪の「**長池昆布**」は江戸末期の創業当時から、熟練職人の手作業のみで昆布の加工品を製造販売している老舗。だし用の高級な真昆布をはじめ、いろいろな昆布の佃煮から、昆布巻きなどまでありますが、私がいつもストックしておきたいのは『**おぼろ昆布**』。北海道の真昆布を幅広く薄く削ったもので、お湯を差すと手軽なお吸い物に。細く削ったのは『**とろろ昆布**』で白と黒があります。

●価格／おぼろ昆布 21g 525 円、白とろろ・黒とろろ各 28g 525 円、おぼろ昆布・白とろろ・黒とろろ詰め合わせ 2100 円から
●注文方法／ TEL、FAX、公式 HP
※支払い方法は代郵便振替、銀行振込

●長池昆布 (ながいけこんぶ)
〒 541-0047　大阪府大阪市北区西天満 4 丁目 7-6
tel: 06-6364-6368　fax: 06-6364-6326
http: //www.nagaikekonbu.jp

松の葉を添えるくらいわずかという
ちょっとした心遣いの気持ちを表した名

まつのはこんぶ

【錦戸】

「もう、おなかいっぱい」のときでも、『**まつのはこんぶ**』があると聞けば、話は別。お茶漬けもいただきます、ということになりますね。これは大阪、南船場のすっぽん料理の店「**錦戸**」の逸品。店で３年囲った真昆布を切り、実山椒を加え、すっぽんのだしと調味料で炊いて乾燥させ、を３回繰り返して最後に細く切断。この手間をかけたこだわりが、一度食べたら忘れられない味を生み出すのでしょう。

●価格／ 1 袋 (80g) 2100 円、1 箱 2 びん入り (150g × 2) 8400 円
●注文方法／ TEL、FAX
※支払い方法は郵便振替、銀行振込

●錦戸 (にしきど)
〒 542-0081　大阪府大阪市中央区
南船場 4 丁目 11-5
tel: 0120-70-4652　fax: 06-6243-0018

水けが多く柔らかいので
浅漬けや塩もみ、生で食べるのに向く

好みの漬かり加減のときに
さっと洗って手で裂いていただく

水なす

なすは非常に種類が多い野菜ですが、通常は長なす、丸なす、小なすというように、形と大きさで分類されています。ところが『**水なす**』は、肉質も味もほかのなすとはだいぶ異なります。20年くらい前、京都でたらいに浮いていたものを、すすめられるままに丸かじりして、ビックリ。水分が多く、皮も果肉も柔らかく、あくが少ないので、生でも食べられます。イタリアンのアンティパストやすしネタなどでも出会ったことがある、最近人気の野菜です。大阪の泉州特産で5～9月の限定品。

水なすの浅漬け

水なすは江戸時代から泉州のあたりで栽培され、土地の人々に親しまれてきましたが、いちばんポピュラーな食べ方は浅漬け。1個ずつ、ぬかみそに漬けた『**水なすの浅漬け**』は漬けた日付けと、好みによる食べ頃の目安が明記されています。私は割とよく漬かった味が好きですが、一緒に暮らしている娘はサラダ感覚で浅漬けが好き。

【JA 大阪泉州こーたりーな】

水なす
●価格／1箱20～24個入り2700円(送料込み)

冷蔵 水なすの浅漬け

水なすの浅漬け
●価格／水なす浅漬け1箱6個入り2100円(送料込み)、1箱10個入り2800円(送料込み)

●注文方法／TEL、FAX、郵便、公式HP
※支払い方法は銀行振込、郵便振込、代金引換

● JA 大阪泉州こーたりーな
(じぇいえいおおさかせんしゅうこーたりーな)

〒598-0008　大阪府泉佐野市松風台3丁目1

tel: 072-462-8181　fax: 072-462-6966

http://www.osaka-ja.co.jp/ja/sensyu/fm/index.html

『美味しんぼ』にも登場の
たこ焼きの元祖のしょうゆ味

たこやき

【会津屋】

母親が大阪出身のわが社の女性に言わせれば、「たこ焼きを外で食べるなんて！」というくらい、大阪ではどこの家でも日常的にたこ焼きを作るそうです。その彼女のいとこが「でもこの店にだけは買いにいく」と教えてくれたのが「**会津屋**」。しかも、最近、焼きたての急速冷凍品も始めたと知り、取り寄せてみました。ソースをつけない、しょうゆ味がこの店の特徴ですが、たしかに、すっきりとした、けっこうな味でした。昭和８年創業の「**会津屋**」は初代がこんにゃくなどを入れた“**ラヂオ焼**”を焼いていましたが、よりおいしくと工夫をし、２年後に『**たこやき**』が誕生したのだそうです。

●価格／1 箱 15 個入り× 2 1200 円、1 箱 12 個入り 500 円から
●注文方法／ TEL、FAX、公式 HP
※支払い方法は代金引換、銀行振込

冷凍

●会津屋（あいづや）
〒 557-0045　大阪府大阪市西成区
玉出西 2 丁目 3-1
tel: 06-6651-2311　fax: 06-6651-2365
http://www.aiduya.co.jp/

大阪

サクサクの軽い歯ごたえが品のよい
関西風のおせんべい

巻絹

【鶴屋八幡】

大阪の今橋に本店がある「**鶴屋八幡**」は伝統を継承して300年もの歴史を持つ名店。初代が修業していた当時の名菓子舗を引き継いで以来、多くの銘菓を作り続けています。四季折々の生菓子と干菓子から、祝儀、不祝儀の引き菓子まで、じつにバラエティーに富んだお菓子がありますが、私は、地味ながらおせんべいに心ひかれます。といっても、米から作る東京のものとは違い、水溶きした小麦粉にうっすら甘みをつけて型焼きにした関西風のもの。なかでも、『**巻絹**』という、薄い絹地をくるくる巻いたような形に焼き上げた上品な味のものは、新茶の季節に味わいたいですね。

●価格／1箱16本入り(茶・白各8本)945円
●注文方法／TEL、FAX
※支払い方法は代金引換、銀行振込

●鶴屋八幡(つるやはちまん)

〒541-0042　大阪府大阪市
今橋4丁目4-9
tel: 06-6203-7281　fax: 06-6202-5205
http: //www.turuyahatiman.co.jp/

江戸末期に利休ゆかりの地で創業の
老舗の深蒸し煎茶

特上 利休の詩

【つぼ市製茶本舗】

「つぼ市製茶本舗」は、お茶に関する著書も多く、お茶のことならなんでも教えていただける会長の谷本陽蔵さんと、長いおつきあいがあります。**『特上 利休の詩』**は、今までなじんでいた**『利休の詩』**をさらに超えたまろやかでこくのある味わいの煎茶。茶鑑定士６段の社長が厳選した露地栽培の茶葉を深蒸しにしたもので、二煎、三煎めもおいしく、お茶飲みの私向きのお茶です。

●価格／１袋 (100g) 1575 円
●注文方法／ TEL、FAX、公式 HP
※支払い方法は代金引換、郵便振替

●つぼ市製茶本舗 (つぼいちせいちゃほんぽ)
〒 592-0004　大阪府高石市高師浜１丁目 14-18
tel: 072-261-7181　fax: 072-263-5580
http: //www.tsuboichi.co.jp

岸和田藩主へも献上した
品のよい生菓子

梅花むらさめ

【小山梅花堂】

だんじりという勇壮なお祭りで有名な岸和田で 170 年以上の伝統を持つ**「小山梅花堂」**。岸和田藩主への献上菓子だった**『梅花むらさめ』**は、小豆あんと米粉を蒸し、そぼろにしたさお状の生菓子で、梅の花に見立てた小豆が散っています。黒文字を入れると、ほろほろっとくずれそうな優しい感じで、小豆の香りが生きたほのかな甘み。お抹茶と一緒にいただきたい上品なお菓子ですね。

●価格／１棹 500 円
●注文方法／ TEL、FAX
※支払い方法は郵便振替

●小山梅花堂 (こやまばいかどう)
〒 596-0074　大阪府岸和田市本町 1-16
tel: 072-422-0017　fax:072-422-0271

柔らかいのに、特有の
歯ごたえが残るプロの味

たこつや煮

【浪花】

たこといえば、酢だこやすしネタなどの、ゆでたものになじんでいた私は、料理記者になって初めて柔らかく煮たたこのおいしさを知りました。関西では家庭でも生だこを１匹買いして煮ますが、おいしく作るには、かなりの手間がかかり、慣れないと大変。私は、柔らかく炊き上げたたこが食べたくなると、明石の割烹店「**浪花**」の『**たこつや煮**』を取り寄せます。これは、切り口が白いにもかかわらず、よく味がしみていて、とても柔らかいのに、たこの歯ごたえがあり、いつ いただいても、満足の味。刻んで炊きたてのご飯に混ぜ、たこ飯にするのもおすすめですね。

●価格／１パック (150g) 1260 円　冷凍
●注文方法／TEL、FAX
※支払い方法は代金引換

●浪花 (なにわ)
〒 673-0892　兵庫県明石市
本町１丁目 5-18
tel: 078-917-5700　fax: 078-917-1330

料理によってそれぞれ
使いわける瀬戸内海の味

穴子の白焼き・つけ焼き

【魚増鮮魚店】

あなごは私の好きな魚のひとつ。すし屋でも必ず頼むネタですし、疲れているときのランチにあなご丼で午後の鋭気を養ったりもします。家でいただくときは、あなごがおいしいことで知られる瀬戸内海の淡路島にある「**魚増鮮魚店**」の品を取り寄せます。炭火で香ばしく焼いた『**穴子の白焼き**』はさっとあぶってわさびで。『**つけ焼き**』は、ちらしずしの具や、すりおろしたれんこんをのせて蒸したりします。

●価格／白焼き・つけ焼き各 1 パック (2 ～ 3 尾入り) 1000 円から
●注文方法／ TEL、FAX
※支払い方法は郵便振替

冷蔵

●魚増鮮魚店 (うおますせんぎょてん)
〒 665-1711　兵庫県淡路市富島 392
tel · fax: 07998-2-0609

神戸の桜の季節限定の
いかなごの稚魚の佃煮

いかなごのくぎ煮

【福広商店】

桜前線が北上してくると、今年も『**いかなごのくぎ煮**』を頼まなくては、と心せかされます。神戸に住む友人の話では、桜の咲く時期には明石から西宮にかけて、夕方ともなると、家々から、いかなごをたくおいしそうなにおいが町中に漂うのだそうです。その彼女が、取り寄せるならここ、と一押しするのが「**福広商店**」。資源保護のために捕獲は 3 ～ 4 月に限られ、製品もこの時期のみです。

●価格／ 1 パック (100g) 600 円

冷蔵

●注文方法／ TEL、FAX、郵便
※支払い方法は郵便振替

●福広商店 (ふくひろしょうてん)
〒 654-0012　兵庫県神戸市須磨区
飛松町 2 丁目板宿市場南部内
tel · fax: 078-732-7489

晩秋の朝“霧海”に包まれる
丹波特有の気候が生んだ黒豆

徳川時代からの
丹波篠山の特産物

丹波黒

お節料理の黒豆がうまく煮えると、その年、よいことがあるような気がするのは私だけでしょうか。もちろん、豆がものをいいますが、兵庫県、丹波の『**丹波黒**』なら間違いありません。私の煮方は、最近多い、はちきれんばかりにふくらんだうす甘いものではなく、しょうゆの風味をきかせ、少々しわが寄っても、ちゃんと歯ごたえが残るような東京風。晩秋の朝、昼夜の温度差から一面の霧に包まれる“霧海”というこの土地特有の気候が生んだ黒豆は、こんな、ちょっと乱暴な煮方にも、思いどおりの味になって、こたえてくれます。

山の芋

丹波篠山の“霧海”は、この盆地に黒豆のほかにも小豆や大きな丸い山芋などの豊かな収穫をもたらします。『**山の芋**』は、肉質が緻密で粘りが強く、すり下ろすのに苦労するほど。消化酵素のアミラーゼが豊富ですから、暮れに『**丹波黒**』と一緒に注文し、お正月に、とろろご飯などにすると、疲れた胃にも優しいでしょう。

【特産館ささやま】

丹波黒
●価格／1袋(200g) 1050円

山の芋
●価格／特選1箱1kg(2～3玉) 1890円から、秀1箱1kg(2～3玉) 1570円から

●注文方法／TEL
※支払い方法は代金引換

●特産館ささやま(とくさんかんささやま)
※JA名：丹波ささやま農業協同組合

〒669-2321　兵庫県篠山市黒岡70

tel: 0120-02-3386　fax: 079-552-4010

姫路藩の家老が命名した
可憐な姿の銘菓

玉椿

【伊勢屋本店】

ヘルシー指向が強い最近は、お菓子を評価する際に「甘くないからおいしい」などと言う人がいますが、私はちょっと首をかしげますね。お菓子は、お茶の時間や食後に、甘みが欲しくていただくのですから、甘くなくてはつまらないと思うのですが。**『玉椿』**は、しっかり甘い伝統の味わいです。姫路の**「伊勢屋本店」**は江戸の元禄時代に開業の老舗。姫路藩の家老が命名し、以後、藩の御用菓子になったというのがこの**『玉椿』**で、黄身あんをうす紅色の求肥に包んだ、小ぶりで可憐なお菓子です。私は濃いめにたてたお抹茶でいただくのが好きです。

●価格／1箱5個入り630円から
●注文方法／TEL、FAX
※支払い方法は代金引換、郵便振替、銀行振込

●伊勢屋本店(いせやほんてん)
〒670-0901　兵庫県姫路市西二階町84
tel: 0792-88-5155　fax: 0792-88-5172

中国

中国地方と聞くと、古くは小津安二郎、最近では大林宣彦監督の映画に登場する広島県尾道市の石段から眺める、穏やかな瀬戸内の海が目に浮かびます。同時に、NHK でかつて放送された「夢千代日記」の、来る日も来る日も雪の山陰の風景も思い出されます。

中国地方は、東から西へ低くつらなる中国山地によって瀬戸内海側の山陽地方と、日本海側の山陰地方に分断されますが、特に冬の気候は対照的。気温はそれほど変わらないのですが、山陰地方は曇った日が多く、山沿いの地域では雪がたくさん降ります。対して山陽地方は一年を通じて晴れの日が多く、冬は降水量がかなり低くなります。

山陽地方に雨が少ない理由は、季節風が吹いても北は中国山地、南は四国の険しい山々に当たるため、山陽地方には乾いた風しか運ばれないからです。もとから瀬戸内海は風が弱く、朝夕にはピタッとやんでしまうほど。瀬戸内海がいつも穏やかなイメージなのは、この風の弱さによります。乾いた気候を利用して、昔から塩作りや果物栽培が盛んに行われてきました。岡山県の桃は天下一との定評がありますし、ぶどうの高級品種、マスカットの生産量も山梨県を 10% 近く上回ります。

いっぽう、山陰地方は島根県から山口県にかけての沖合に魚が集まる大陸棚が広がっており、萩、浜田、境や隠岐の西郷などの漁港には多くの漁船が出入りしています。冬の魚介類はことに豊富で、庶民には高嶺の花ともいえる松葉がにも水揚げされます。また、中国地方の魚で忘れてはならないのが、山口県のふぐでしょう。地元では福に通じるとして「ふく」と呼ばれています。本場の下関に水揚げされるふぐはとりわけ味がよく、高値で取り引きされます。

対して瀬戸内海は紀伊水道、豊後水道、関門海峡によって外海とわずかにつながった内海で、無数とも思えるほどの大小さまざまな島が点在しています。この島々の周辺では、波が静かな特性を生かし、はまちやふぐ、鯛、車えび、かきの養殖が盛んに行われています。

中国地方
お取り寄せ

山陽地方と山陰地方からなる中国。
それぞれ果物栽培と漁業という特色を持ち
本書にも掲載されている
ふぐ、さわら、牡蠣、わさびなど
各県に「これ!」という特産物が存在します。

鳥取

とうふちくわ
するめこうじ漬　天美卵

島根

すこやかプレーンヨーグルト
スタードヨーグルト
わさびしょうゆ漬
春秋

山口

とらふく料理フルコース
干えび　岩国寿司
干し子　生この子　このわた
阿わ雪
夏蜜柑丸漬

岡山

さわらの味噌漬け
赤米・黒米
むらすゞめ

広島

桂馬お好み詰め合せ
牡蠣の燻製
広島菜漬
ひとつぶのマスカット ジュレ 2 種
青大豆 100% きな粉
とんど饅頭

江戸時代から親しまれている
低カロリーのたんぱく質食品

とうふちくわ

【ちむら】

●価格／１本 263 円
●注文方法／ TEL、FAX、公式 HP　冷蔵
※支払い方法は代金引換、郵便振替

●ちむら
〒 680-1202　鳥取県鳥取市
河原町布袋 556
tel: 0858-76-3333　fax: 0858-76-3335
http: //www.toufuchikuwa.com

じつは、私が豆腐ちくわを知ったのは数年前のこと。「**ちむら**」の『**とうふちくわ**』を味わって、こんな健康的な食品が昔から作られていたことに感心したのです。漁港の整備が遅れ、海の魚が乏しかった鳥取では、藩主の池田公が質素倹約のために、魚の代わりに豆腐を食べることを奨励してできたのが豆腐ちくわ。「**ちむら**」でも慶応元年の創業当時から製造していたといいますから、ずいぶん長い歴史があるのです。豆腐の風味がさわやかで食感がよいのは、白身魚のすり身と豆腐の割合を３対７にこだわっているからとのこと。わさびじょうゆでいただくほか、おすましの実などにも。

山陰の山里で伝承されてきた
素朴な保存食

するめこうじ漬

【玉藤商店】

山陰の雪深い山里で、保存食として昔から作り続けられていたするめの麹漬け。これのおいしいものに出会ったのは鳥取の居酒屋でだったと記憶しています。この「**玉藤商店**」の『**するめこうじ漬**』は、まろやかな甘めの味の麹に包まれたするめが柔らかく、するめのうまみが生きています。酒の肴に、温かいご飯の友に、また、せん切りの山いもにかけてもおいしいですね。

●価格／1パック(240g) 630円、1パック(480g) 1050円
●注文方法／TEL、FAX、公式HP
※支払い方法は郵便振替

冷蔵

●玉藤商店(たまとうしょうてん)

〒680-0912　鳥取県鳥取市商栄町115-4
tel: 0120-31-5970　fax: 0857-27-3942
http: //www.tamatou.co.jp

ひなから大切に育てた
放し飼い鶏の生みたて卵

天美卵

【大江ノ郷自然牧場】

自然の中で薬品や添加物などを使わずに育った鶏の卵、と会社のスタッフが友人から紹介されたのが『**天美卵**』。さっそく温かいご飯にかけてみたり、半熟卵などにしたところ、鮮度がよくておいしいのです。中国山地を流れる大江川のほとり、豊かな自然に恵まれた「**大江ノ郷自然牧場**」で、飼料も独自の配合の手作り。大量生産ではない、手間のかかった安心の卵を届けています。

●価格／もみがら詰30個入り3150円ほか、紙パック詰20個入り2310円ほか(送料込み)
●注文方法／TEL、FAX、公式HP
※支払い方法は代金引換、郵便振替、銀行振込、カード払いほか

●大江ノ郷自然牧場(おおえのさとしぜんぼくじょう)

〒680-0414　鳥取県八頭郡八頭町橋本126
tel: 0858-73-8211　fax: 0858-73-8212
http://www.oenosato.com/

ヨーロッパスタイルの
生に近い牛乳から作られる安心の乳製品

すこやかプレーンヨーグルト　スタードヨーグルト

【木次乳業】

奥出雲の「**木次乳業**」は昭和30年代から、牛の飼育、原料乳の生産、その加工品作りまでを一貫して行っています。牧草には化学肥料や農薬を使わず、牛乳の殺菌もヨーロッパでは主流の、高温ではない方法を確立しました。この生に近い牛乳を使ったさまざまな製品の中でも、私は『**すこやかプレーンヨーグルト**』が好き。ほどよい酸味と、こくのあるまろやかな風味のバランスがよく、甘みを加えずにいただけます。また、最近知った『**スタードヨーグルト**』は、プレーンヨーグルトに国産のりんごやぶどう果汁を加えた飲むヨーグルト。疲れたときにいただくと、元気が回復します。

●価格／プレーンヨーグルト (500ml) 315円
スタードヨーグルト (りんご・ぶどう各 1000ml) 各630円
冷蔵
●注文方法／ TEL、FAX、公式 HP
※支払い方法は代金引換、郵便振替、銀行振込

●木次乳業 (きすきにゅうぎょう)
〒699-1323　島根県雲南市
木次町東日登 228-2
tel: 0854-42-0445　fax: 0854-42-0400
http://www.kisuki-milk.co.jp/

ぴりっとした辛みと香りがさわやかな
しまねわさびの加工品

わさびしょうゆ漬

【JA にちはら山菜加工場】

しまねわさびの名で知られている島根のわさびは、西日本一の生産量を誇る県の特産物。ご存じのように根の部分は刺身やおすしに使いますが、葉もさまざまに加工されます。『**わさびしょうゆ漬**』はとりたての葉と、ガニ芽と呼ぶ新芽を使ったしょうゆ味の漬け物。独特の香りと、ぴりっとしたさわやかな辛みが日本酒に合いますね。私はご飯に混ぜておむすびにするのも好き。

●価格／1びん(180g) 945円　冷蔵
●注文方法／TEL、FAX
※支払い方法は代金引換

● JA にちはら山菜加工場
（じぇいえいにちはらさんさいかこうじょう）
〒 699-5207　島根県鹿足郡津和野町枕瀬 423-1
tel: 0856-74-1725　fax: 0856-74-1846

お茶が盛んな菓子どころ松江の
季節の香りを忍ばせた錦玉

春秋

【彩雲堂】

松江は、風雅な茶人で知られた7代目藩主、松平不昧公の時代から茶の湯が盛んで、金沢や京都に並ぶ菓子どころ。訪れてみて、人々が生活の中でお茶をたしなみ、お菓子を愛していることに感心しました。明治初期創業の「**彩雲堂**」は有名な『**若草**』をはじめ、四季を映したお菓子を作り続けていますが、『**春秋**』もそのひとつ。小豆、柚子などの季節の香りを忍ばせた錦玉は、菓子の文化を感じさせる味です。

●価格／1箱6個入り 578円、1箱10個入り 945円ほか
●注文方法／TEL、FAX、公式 HP
※支払い方法は代金引換、郵便振替

●彩雲堂（さいうんどう）
〒 690-0064　島根県松江市天神町 124
tel: 0120-212-727　fax: 0852-27-2033
http://www.saiundo.co.jp/

注文を受けてから、刺身にできる
鮮度抜群のものを漬け込む

さわらの味噌漬け

【坪田鮮魚店】

岡山の郷土料理ばらずしには、さわらが必ず入ることからもわかるように、瀬戸内のこの地は、おいしいさわらが豊富なところ。じつを言えば、広島県人はもちろん、徳島県人までもが、それぞれに“わが県のさわらは”と主張します。要するに瀬戸内海はさわらが豊富ということなのでしょう。岡山の「**坪田鮮魚店**」では注文を受けてから、刺身で食べられる、とれたてのさわらを切り身にして、白みそに漬け込んで発送しています。鮮度がよく、申し分のない味ですが、せっかちな私は、強火で焼いて焦がしたことがあります。必ず、とろ火で焼くようにしてくださいね。

●価格／１樽５切れ入り（各 80g）3000 円から、１樽９切れ入り（各 80g）5000 円から
●注文方法／ TEL、FAX
※支払い方法は郵便振替、銀行振込

●坪田鮮魚店（つぼたせんぎょてん）

〒 700-0941　岡山県岡山市
青江５丁目 8-5
tel: 086-233-3778　fax: 086-225-7472

白米に混ぜて食感や色を楽しむ
栄養豊かな古代米

赤米・黒米

【徳満米穀】

赤米も黒米も、現在の稲の原種とされる野生稲の特徴を受け継いでいるので、古代米ともいいます。量は多くありませんが、岡山はじめ各地で栽培され、ビタミンやミネラルの豊富なお米として根強い人気。我が家でもときどき、「**徳満米穀**」の『**黒米**』を白米に混ぜて炊き、もち米特有の食感と、彩りを楽しみます。『**赤米**』はリゾットやライスサラダに加えてもよいですね。

●価格／スタンドパック (赤米・黒米各 500g) 各 840 円ほか
●注文方法／ TEL、FAX
※支払い方法は代金引換

●徳満米穀 (とくみつべいこく)

〒 719-1126　岡山県総社市総社 1 丁目 7-1

tel: 0866-93-3636　fax: 0866-92-6080

姿も名前も愛らしい
倉敷伝統の銘菓

むらすゞめ

【橘香堂】

おっちょこちょいな私は、つい、ふくら雀と言い間違えてしまう『**むらすゞめ**』。小豆の粒あんを、ぷつぷつと焼きあとのついた薄い皮でくるんだ品のよいお菓子で、倉敷の銘菓として親しまれています。明治10年この地で創業の「**橘香堂**」初代が、稲穂に群がるすずめに見立てて作り、郷土の先覚者に名づけてもらったそうです。日がたってしまったら、揚げてもかりっとしておいしいですね。

●価格／ 1 個 105 円、1 箱 10 個入り 1050 円ほか
●注文方法／ TEL、FAX
※支払い方法は代金引換、銀行振込

●橘香堂 (きっこうどう)

〒 710-0055　岡山県倉敷市阿知 2 丁目 19-28

tel: 086-422-5585　fax: 086-422-7964

さまざまな形と味の天ぷらを
凝った意匠の詰め合わせで楽しむ

桂馬お好み詰め合せ

【桂馬蒲鉾商店】

つい先日も気の置けない仲間と尾道近辺の島巡りの旅をして、「**桂馬蒲鉾商店**」にも寄りました。初めてだった友人たちは、バラエティー豊かな品揃えに目移りして、おみやげ選びに困ったほど。関東ではさつま揚げと呼ぶ天ぷらやかまぼこの詰め合わせは、木箱、竹かご、わっぱ、竹皮などがあり、大きさもいろいろ。内容も春は桜、秋は紅葉などのテーマで、季節ごとに形や彩りを変えたものが楽しめますが、必ずあるのは『**柿天**』。この店の初代が昭和の初め、秋の農家の軒先につり下がっていた柿を天ぷらに仕立てたもので、以来、常にこだわりの品になっています。

●価格／桂馬お好み詰め合せ 1000 円から（写真は 3675 円）
●注文方法／ TEL、FAX、公式 HP
※支払い方法は代金引換、銀行振込

冷蔵

●桂馬蒲鉾商店（けいまかまぼこしょうてん）
〒 722-0035　広島県尾道市
土堂 1 丁目 9-3
tel: 0120-254-525　fax: 0120-252-797
http: //www.keima-kamaboko.com

塩分濃度の高い海で育ったかきを
桜のチップで燻した老舗のわざ

牡蠣の燻製

【かなわ水産】

「**かなわ水産**」は江戸の慶応年間に創業の、広島かきの生産と加工の老舗。かきは、県指定の清浄海域、大黒神島の周辺に設けたかき筏で養殖しています。この海域は塩分濃度が少し高いために、ゆっくりと小粒に育ち、加熱しても身が縮まないと聞きます。直営のかき料理店はもちろん、私の飲み仲間に好評の『**牡蠣の燻製**』などのかき製品も、この新鮮で滋味豊かなかきが使われています。

●価格／1パック(50g) 500円　冷凍
●注文方法／FAX、公式HP
※支払い方法は代金引換、銀行振込

●かなわ水産(かなわすいさん)
〒737-2214　広島県江田島市大柿町深江337-6
tel: 0823-57-7373　fax: 0823-57-4400
http: //www.kanawa-oyster.com/

新鮮な野菜のような
しゃきしゃきとした歯ざわり

広島菜漬

【猫島商店】

「**猫島商店**」の『**広島菜漬**』は、しゃきしゃきとした歯ざわりで、緑の色が鮮やか。塩けが薄いので、私は、野菜を食べるつもりでたっぷり食べてしまいます。広島菜は江戸時代、安芸の国、観音村の住人が、京都からとも江戸からとも伝えられていますが、ともかく持ち帰った種を栽培したのがはじめで、その後、品種改良して、三大漬け菜のひとつといわれるようになりました。

●価格／樽詰め本漬(600g)1050円、パック詰め新漬(500g)700円
●注文方法／TEL、FAX、公式HP
※支払い方法は郵便振替　冷蔵(5〜11月)

●猫島商店(ねこしましょうてん)
〒733-0833　広島県広島市
西区商工センター1丁目10-23
tel: 082-277-6541　fax: 082-278-3141
http: //www.nekoshima.jp

広島

岡山から届く朝摘みの
マスカット・オブ・アレキサンドリアで

ひとつぶのマスカット　ジュレ2種

【共楽堂】

●価格／ひとつぶのマスカット1箱5個入り1050円ほか
ジュレ(マスカット、ピオーネとも)1箱6個入り1733円ほか
●注文方法／TEL、FAX、Eメール
※支払い方法は銀行振込、代金引換

●共楽堂(きょうらくどう)
〒723-0017　広島県三原市
港町1丁目7-27
tel: 0848-62-4097　fax: 0848-62-4180
e-mail: kyoraku@tako.ne.jp

岡山特産のマスカット・オブ・アレキサンドリアは、まるで、深窓の令嬢のようにていねいに育てられます。この美しい高級ぶどうを1粒ずつ求肥でくるんだのが「**共楽堂**」の『**ひとつぶのマスカット**』。初めていただいたときには、味も食感も意外性のある組み合わせにちょっとビックリしましたが、マスカットのみずみずしさが味わえる今風の和菓子ですね。岡山の契約農園から毎朝届く朝摘みマスカットを使うので、5月中旬から10月中旬の限定品。皮をむいたマスカット、紫のぶどうピオーネを柔らかなゼリーで固めた『**ジュレ**』もさわやかな風味。冷やして召し上がれ。

絶妙な炒り加減から生まれる
香ばしくて、自然の甘みが持ち味

青大豆100%きな粉

【岩石農産加工センター】

おはぎはあずきあんが主役ですが、私はごまと、特にきなこがないと寂しいですね。広島県の山間部の福永地区は、昔から青大豆の栽培がさかんですが、この地の「**岩石農産加工センター**」の『**青大豆100% きな粉**』は、炒り具合がとてもよく、香ばしくて甘みがあり、おはぎを作るときに、ほしくなります。ビタミンB_1やカルシウムが豊富で、ヨーグルトに入れてもおいしいですね。

●価格／1袋(180g) 250円
●注文方法／TEL
※支払い方法は代金引換

●岩石農産加工センター
（いわいしのうさんかこうせんたー）

〒729-3515　広島県神石高原町福永 2820-4

tel: 0847-87-0333

福山城開城のお祝いに
藩主に献上した歴史のあるお菓子

とんど饅頭

【虎屋本舗】

『**とんど饅頭**』は、創業以来380年余の伝統ある「**虎屋本舗**」が、福山城築城のお祝いに藩主に献上したもの。私が好きな品のよい白小豆あんを使った、シンプルな焼き菓子です。“とんど”という名前はこの地に古くから伝わるとんど祭りにちなみますが、これは城下の各町が、それぞれに意匠を凝らした飾りをつけたみこしをかついで城下を練り歩き、そのあと焼くというもの。

●価格／1箱8個入り 630円、1箱12個入り 1050円ほか
●注文方法／TEL、FAX、郵便、公式HP
※支払い方法は代金引換、郵便振替、銀行振込

●虎屋本舗（とらやほんぽ）

〒721-0952　広島県福山市曙町1丁目11-18

tel: 084-954-7447　fax: 084-954-7499

http: //www.tora-ya.co.jp

本場下関のとらふぐを
刺身と鍋で手軽に楽しめる

とらふく料理フルコース

【日高本店】

山口県下関といえばふぐ。この山口や福岡などの九州では、ふぐを縁起のよい福にひっかけて“ふく”と呼びます。こんなおめでたいイメージからか、ふぐは、江戸時代はお祝いごとの贈り物に珍重されたと聞きます。下関の「**日高本店**」は、刺身やしゃぶしゃぶなどの本格的なふぐ料理から、一夜干し、お茶漬けなどの気軽なものまで、本場ならではの味が取り寄せられます。『**とらふく料理フルコース**』は大きな絵皿に盛りつけられた刺身と、ちり鍋用のあらや湯引いた皮、ひれなどのセット。私はひれをさっとあぶって、ひれ酒にするのも楽しみです。

●価格／とらふく料理フルコース 21000 円 (送料込み) ほか各種
●注文方法／TEL、FAX、公式 HP
※支払い方法は代金引換、郵便振替

冷蔵

●日高本店 (ひだかほんてん)
〒 751-0833　山口県下関市
武久町 2 丁目 8-5
tel: 0120-31-2929　fax: 0120-32-9291
http://www.hidakahonten.co.jp/

おつまみにもおいしい
カルシウムたっぷりの健康食品

干えび

【網重水産】

中国料理の炒め物やあえ物などによく使われる干しえび。「**網重水産**」の瀬戸内海の赤えびを干した『**干えび**』は、フレッシュ感とこくのある風味が、そのままビールのおつまみにしてもおいしく、我が家ではストックしておくと重宝な食材のひとつになっています。カルシウムの補給にもうってつけで、骨を強くしたいお子さんにもおすすめですね。

●価格／1袋(70g) 525円　冷蔵
●注文方法／TEL、FAX
※支払い方法は代金引換

●網重水産(あみしげすいさん)
〒743-0007　山口県光市室積3丁目2-1
tel: 0120-040366　fax: 0833-79-1605

8代にわたる
一子相伝の素朴な押しずし

岩国寿司

【三原家】

錦帯橋で有名な岩国名物の岩国ずしは、献上した岩国藩主に気に入られ、当時は“殿様ずし”ともいわれていたとか。大きなすし枠に5升分のすし飯を具と交互に重ねて押し、60人分をいっきに作ります。江戸、慶長年間創業の割烹旅館「**三原家**」の『**岩国寿司**』は、すし飯は甘めで、具はあなご、しいたけ、錦糸卵、でんぶなど。300年以上、8代にわたる一子相伝の、しっかりとした味はさすがです。10～4月の期間限定で。

●価格／1箱2切れ入り(1人前) 735円
●注文方法／TEL、FAX、公式HP
※支払い方法は現金書留

●三原家(みはらや)
〒741-0062　山口県岩国市岩国2丁目16-6
tel: 0827-41-0073　fax: 0827-41-1411
http: //www.miharaya.jp/

瀬戸内海の島で作られる
高級な珍味

干し子　生この子　このわた

【浦上水産】

●価格／干し子 1 枚 (14g) 2100 円
生この子 1 びん (80g) 2500 円
このわた 1 びん (80g) 1500 円
冷蔵　生この子　このわた
●注文方法／ FAX、公式 HP
※支払い方法は代金引換、銀行振込

●浦上水産 (うらかみすいさん)
〒 742-2805　山口県大島郡
周防大島町東安下庄
tel: 0820-77-1058　fax: 0820-77-2267
●注文先／周防ドットコム (浦上水産代理店)
fax: 0820-72-0088
http://www.suouoshima.com

干し子は糸のように細いなまこの卵巣を、塩水につけて天日干しにしたもの。三味線のばちの形に整えるので、ばち子ともいい、1 枚作るのになまこ 100kg が必要と聞きます。生この子は、なまこの卵巣に薄塩をしたもの。そして、なまこの腸を塩辛にしたのがこのわた。どれも、酒飲みには垂涎の高級珍味。山口県の瀬戸内海側の周防大島にある「**浦上水産**」の『**干し子**』はさっとあぶっていただくと、濃厚なうまみが口に広がります。『**生この子**』は、甘みのあるウニによく似た繊細な味わいで、『**このわた**』は磯の香りが素晴らしいですね。いづれも日本古来の発酵食品。

慶応年間から作られている
伊藤博文命名の繊細なお菓子

阿わ雪

【松琴堂】

卵白、砂糖、寒天を使った純白の繊細なお菓子『**阿わ雪**』は、長州下関で江戸末期にあわゆき本舗として創業した「**松琴堂**」の看板菓子。長州出身の伊藤博文が、口の中で消えゆくような感じが、春の淡雪を思わせると讃えたところから命名したそうです。さおものもあり、生菓子とはいえ、冷蔵庫なら2週間はもつので、涼やかな夏の贈り物にも喜ばれるでしょう。

●価格／紙箱6個入り1150円、さおもの1本930円、2本2000円、3本3000円
●注文方法／TEL、FAX、公式HP
※支払い方法は代金引換、カード払い

●松琴堂(しょうきんどう)
〒750-0006　山口県下関市南部町2-5
tel: 0832-22-2834　fax: 0832-35-0100
http: //www.shokindo.com/

できあがるまでに5日かかる
萩ならではのフルーティーなお菓子

夏蜜柑丸漬

【光國本店】

昔、春先に訪れた萩の街は、たわわに実った夏みかんが印象的でした。明治維新後の武士を救済するために植えたのが始まりと言われていますが、この夏みかんを使ったお菓子一筋の店が明治元年創業の「**光國本店**」。萩のおみやげに求めた『**夏蜜柑丸漬**』は、外は糖蜜で煮た丸ごとの夏みかん、中は夏みかん風味の白ようかんという珍しいものでした。春になると思い出す味です。

●価格／1個998円、1箱2個入り1995円ほか
●注文方法／TEL、FAX
※支払い方法は代金引換、郵便振替

●光國本店(みつくにほんてん)
〒758-0034　山口県萩市熊谷町41
tel: 0838-22-0239　fax: 0838-22-0241

四国

　中国地方と同じく、四国もまた瀬戸内海側と、太平洋に面した南側とでは、気候が大きく異なります。瀬戸内海に面した愛媛、香川、徳島は晴れた日が多く、降水量が少ないのが特徴。この雨が少ない環境はみかんなどの果樹には最適で、愛媛県では生産量が全国１位のみかんをはじめ、いよかん、ネーブルなど柑橘類の栽培が盛んです。

　しかし、稲のような大量の水を必要とする作物にはこれは過酷な環境となります。そこで、昔からたくさんのため池が利用されてきました。香川県の米どころ、讃岐平野には２万近くのため池があるそうです。ただ、米づくりにはそれでも充分ではなく、吉野川の水を上流でせき止め、徳島県から山脈にトンネルを通して水を導く大がかりな用水路が造られ、水不足の解消が計られました。

　讃岐名物のうどんは、元をたどればこの水不足から生まれたようなもの。水が少なく米があまりとれなかったために、裏作の麦作りが盛んになり、この小麦で作られたのが讃岐うどんだ

「四国地方の風土と食」

ったのです。

瀬戸内海側に対して、太平洋側の南四国は充分な降水量があり、暖流の影響で冬も暖かです。この気候を利用して、昔から米の二期作が行われてきました。しかし、労力の割に収益が上がらない、米の質も落ちるなどの問題があり、需要の高い夏野菜の栽培に切り替える農家が増え、今や高知ブランドの野菜は全国に知られるところとなりました。

この南四国の沖合では黒潮にのるまぐろやかつお、ぶり、さばなどの漁も盛んで、かつお漁では豪快な一本釣りが見られます。高知県の室戸や土佐清水などの港は遠洋漁業の拠点ともなっており、船は遠くオーストラリア近海やインド洋まで出かけていきます。

これに比べ、瀬戸内海の漁業は小規模なものですが、はまちや鯛の養殖では全国のトップクラス。鳴門海峡の渦にもまれて育ったわかめは昔から質の高いことで知られ、徳島県の名物になっています。

四国地方

お取り寄せ

四方を海に囲まれた四国ですが、
瀬戸内海側と太平洋に面した南北では
その気候には大きな違いが見受けられます。
しかしそれぞれに風土を利用した
農業や漁業がおおいなる発達を遂げてきました。

香川

本生さぬきうどん
しょうゆ豆
名物かまど

徳島

鳴門糸わかめ
和三盆糖お干菓子
小男鹿

愛媛

岬あじ生干し
地魚じゃこ天
一六タルト
山田屋まんじゅう

高知

本鰹たたき藁焼き匠
酒盗　四万十川天然鰻茶漬
土佐文旦　釣りうるめ
野根まんぢう

高松で食べるのと遜色ないと
地元出身者が推薦した味

本生 さぬきうどん

【川福食品】

以前、高松出身の若い女性に聞いた話です。彼女は高校を卒業するときに、先生から「いいか、みんな、ほかの土地では喫茶店でうどんを注文するんじゃないぞ」と言われたそうです。ともかく、香川県人にとって、讃岐うどんは1日1回は食べずにはいられない郷土の味なのでしょう。知り合いの、香川出身の中国料理店の主人から、「打ち立てと遜色がない」と、教えてもらった「**川福食品**」の『**本生さぬきうどん**』は、しこしことしたこしがあって、のどごしはなめらか。かつおの風味がきいためんつゆもよいお味です。

●価格／1箱8人前(麺120g×8、めんつゆ8個)1575円
●注文方法／TEL、FAX、公式HP
※支払い方法は代金引換、郵便振替

冷蔵

●川福食品(かわふくしょくひん)
〒760-0048　香川県高松市福田町2-4
tel: 0120-459139　fax: 087-851-4780
http://www.kawafuku.co.jp/

そら豆をよくよく炒ってから
甘辛いたれにつけた伝統の味

しょうゆ豆

【豆芳】

安土桃山の文禄年間、讃岐の小豆島でのことです。お遍路さんが巡礼中にもらったそら豆を炒っていたら、はじけて、そばにあったしょうゆのつぼに飛び込み、それがおいしかった、というのが、『**しょうゆ豆**』の誕生話。今は、砂糖を加えたしょうゆにつけるので、甘辛味ですが、「**豆芳**」のものは、味があまり濃くなく、私のように年配者にも食べやすい、ほどほどの堅さです。

●価格／1パック(220g) 263円、1箱2パック入り(450g×2) 1050円ほか
●注文方法／TEL、FAX、公式HP
※支払い方法は代金引換、郵便振替、銀行振込

●豆芳(まめよし)

〒769-0101　香川県高松市国分寺町新居3355-4
tel: 0120-740-253　fax: 087-874-2556
http: //www.mameyoshi.com/

瀬戸の浜辺で塩を焼いた
かまどの形を模した素朴なお菓子

名物かまど

【名物かまど】

製塩業が盛んな香川県では、かつて瀬戸の浜辺で塩を焼く煙が絶えることなく立ち上っていました。この塩を焼くかまどの形を模したお菓子が『**名物かまど**』。70年前、お菓子の名がそのまま店名のこの店の初代が、讃岐を代表するお菓子を、と作ったもので、卵を加えた生地の中は白いんげんの黄身あん。名物にふさわしく香川県のどこでもおみやげに買えるのもうれしいですね。

●価格／1パック5個入り315円、1箱15個入り1050円ほか
●注文方法／TEL、FAX
※支払い方法は郵便振替

●名物かまど(めいぶつかまど)

〒762-0052　香川県坂出市沖の浜30-62
tel: 0877-46-1215　fax: 0877-46-5840
http: //www.kamado.co.jp/

豊予海峡で一本釣りにしたあじを
天日で生干しにした秀逸の一品

岬あじ生干し

【三崎漁業協同組合】

岬《はな》あじという名前は、すっかり有名になった関あじに対抗しての、三崎漁協のネーミング。というのも、愛媛県と大分県に挟まれた豊予海峡のあじは、大分の港に揚がれば関あじに、愛媛の佐田岬の漁港にくると、値段は半分になってしまうので、このしゃれた名前をつけて売り出しています。荒波に鍛えられた体長が30cmものあじは、一本釣りで活き締めに。もちろん、このまま鮮魚でも取り寄せられますが、開いてまる1日、天日干しにした干物が秀逸の味。私は焼くばかりでなく、バターソテーにもします。塩けもほどよく、1枚を娘と食べると、ちょうどよいボリューム。

●価格／大1枚(30cmくらい)680円　冷蔵
●注文方法／TEL、FAX、公式HP　冷凍
※支払い方法は代金引換、銀行振替

●三崎漁業協同組合
(みさきぎょぎょうきょうどうくみあい)
〒796-0822　愛媛県西宇和郡伊方町串19
tel: 0120-014-994　fax: 0894-56-0632
http://www.misaki.or.jp

愛媛

鮮度のよい地魚で作る
カルシウムたっぷりの力強い宇和島の味

地魚じゃこ天

【島原かまぼこ】

かつて伊達十万石の城下町として栄えた宇和島。「**島原かまぼこ**」はこの地で、宇和海でとれた鮮度のよい魚を原料に、さまざまな加工品を作っています。その中で、宇和島ならではの味と感心するのが『**地魚じゃこ天**』。見た目のちょっと無骨な感じがそのまま味にも反映されていて、ぷちぷちと歯に当たる力強い感触が新鮮です。材料は宇和海で水揚げされたはらんぼという小魚。1尾ずつ手作業で頭と内臓をとり、すりつぶして揚げています。この店の製品はどれも、つなぎのでんぷん類を使わず、原料の魚本来の味を生かしているのがよいですね。

冷蔵

●価格／1枚126円、1箱30枚入り3990円
●注文方法／TEL、公式HP
※支払い方法は代金引換、銀行振込、郵便振替

●島原かまぼこ（しまはらかまぼこ）
〒798-0078　愛媛県宇和島市祝森甲4668
tel: 0895-27-2345　fax: 0895-27-1234
http://www.shimahara.co.jp

松山藩主が長崎で出会った南蛮菓子を
ジャムをあんに代えて伝えた特産品

一六タルト

【一六本舗】

柚子風味のなめらかな口あたりの小豆あんを、品のよい卵の生地で巻いた『**一六タルト**』。松山藩主の松平定行公が、長崎で出会った南蛮菓子の製法を松山に持ち帰り、のちに松山名産の菓子として親しまれるようになったと聞きます。南蛮菓子ではジャムだったのをあんに代え、特産の柚子を加えるなど、素晴らしい工夫に脱帽したくなります。私はミルクティーといただくのが好き。

●価格／1本525円、大1本788円
●注文方法／TEL、FAX、公式HP
※支払い方法は代金引換、郵便振替、銀行振込

●一六本舗（いちろくほんぽ）

〒790-8516　愛媛県松山市東石井1丁目2-20

tel: 0120-161647　fax: 089-958-7183

http: //www.itm-gr.co.jp/ichiroku

吉田茂首相も愛した
140年の一子相伝の味

山田屋まんじゅう

【山田屋】

上品でおいしい薄皮まんじゅうと、東京でも有名な『**山田屋まんじゅう**』。松山の「**山田屋**」が江戸の末期から、ただ一筋に一子相伝で守ってきた味は、食通で知られた吉田茂首相にも愛され、国葬の霊前に供えられたと聞きます。白い薄皮から透けて見える薄紫色の小豆のこしあんは、ほどよい甘さ。いついただいても幸せな気分になれます。「ひと口サイズがよい」と言いつつ、三つ、四つと手が伸びるのが玉にきず。

●価格／1個84円、1箱15個入り1470円ほか
●注文方法／TEL、FAX、公式HP
※支払い方法は代金引換、郵便振替、銀行振込

●山田屋（やまだや）

〒799-2651　愛媛県松山市堀江町甲528-1

tel: 0120-784818　fax: 089-978-4757

http: //www.yamadaya-manju.co.jp/

激しい潮流に育てられて
もどすと厚みのある緑色が鮮やかで美しい

鳴門糸わかめ

【丁井】

●価格／1袋(60g) 1050円
●注文方法／TEL、FAX、郵便
※支払い方法は代金引換

●丁井(ちょうい)
〒772-0053　徳島県鳴門市鳴門町
土佐泊浦字大谷138
tel: 0120-036987　fax: 088-687-1286

現在のように養殖わかめが主流になる前は、わかめといえば鳴門でした。鳴門海峡は渦潮を生むほど潮の流れが激しい海域。この荒波にもまれて育ったわかめは、しなやかでこしのあるものになります。「**丁井**」の『**鳴門糸わかめ**』は、養殖の地点やスペースなどにこだわって育て、春先に刈り取り、すぐボイルして塩蔵処理後に脱水したもので、葉のまん中の筋が除かれています。料理すると緑の色が鮮やかで美しく、厚みがあり、歯ごたえのよさが際立ちます。私は、酒の肴にわさびじょうゆや酢じょうゆでシンプルに、また、たけのこと煮たりと、ともかくたっぷりいただきます。

独特な製法から生まれる
阿波徳島の高貴でピュアな味

和三盆糖お干菓子

【岡田製糖所】

高貴な甘みと表現したい和三盆糖は、高級和菓子の原料に欠かせない、日本独特の製法による砂糖きびから作る白砂糖。阿波の国で200年余り昔から作られ始め、蜂須賀藩の庇護もあって、その名が広く知られるようになりました。「**岡田製糖所**」は江戸時代からの伝統の製法で、和三盆糖一筋。干菓子も着色料すら使わず、和三盆100%の自然の恵みそのものです。

●価格／小函525円、中函1050円ほか
●注文方法／FAX、郵便、公式HP
※支払い方法は代金引換

●岡田製糖所（おかだせいとうじょ）

〒771-1310　徳島県板野郡上板町
泉谷字原中筋12-1
tel: 088-694-2020　fax: 088-694-2221
http: //www.wasanbon.co.jp/

牡鹿をイメージして
明治初期に作られた徳島の銘菓

小男鹿

【冨士屋】

風雅な銘菓との印象がある「**冨士屋**」の『**小《さ》男鹿《おじか》**』を久しぶりに味わって、やっぱりと改めて実感しました。明治維新で江戸から徳島に移り住んだ初代は武家の商法が行き詰まりましたが、2代目が「**冨士屋**」の屋号で再興し、『**小男鹿**』もこの頃生まれたと聞きます。小豆の色を生かした薯蕷生地に、鹿の斑紋を表した小豆が点々と。ほどよい上品な甘みも和三盆糖の地ならではですね。

●価格／1本1785円
●注文方法／TEL、FAX、公式HP
※支払い方法は代金引換、郵便振込、銀行振込

●冨士屋（ふじや）

〒770-8063　徳島県徳島市南二軒屋町1丁目1-18
tel: 0120-40-1118　fax: 088-652-5677
http: //www.saoshika.co.jp/

一本釣りにした土佐のかつおを
わらを燃やした炎であぶった本物の味

本鰹たたき藁焼き匠

【中央物産】

　女房を質に入れてまで食べたいと、初もの好きの江戸っ子にもてはやされた初がつお。今でも、やっぱり、初もののたたきは青葉の季節の楽しみな味覚です。「**中央物産**」の『**本鰹たたき藁《わら》焼き匠**』は、作家の澤地久枝さんからいただいて以来、私も人に差し上げたりしているたたきの逸品。たたき発祥の地、土佐の高知で、一本釣りにしたかつおをあぶったもので、たれと、ねぎやしょうがなどの薬味つき。たたき本来の作り方が家庭ではできない現在では、本物の味が楽しめるのはうれしいことです。春から秋のシーズン中、夏以降はかつおに脂がのってきますから、お好みの季節にどうぞ。

●価格／本鰹たたき藁焼き匠 4200 円　冷蔵
●注文方法／ TEL、FAX、公式 HP
※支払い方法は代金引換、郵便振替、銀行振込、カード払いほか

●中央物産 (ちゅうおうぶっさん)
〒 780-0811　高知県高知市弘化台 19-24
tel: 0120-43-5145　fax: 0120-43-5139
http://www.yosakoi45.co.jp/

酒盗

【福辰】

酒盗はかつおの内臓の塩辛。土佐の12代目藩主山内豊資公がこれを肴に酒を飲んで、“酒がいくらでも進む、酒を盗みよった”と、讃えて酒盗《しゅとう》と名づけたと伝わっています。かつお1尾から使える材料はごくわずかで、「**福辰**」の『**酒盗**』は充分に熟成させて仕上げています。昔ながらの『**辛口**』と、これに地酒やはちみつ、オニオンなどを加えた『**甘口**』があり、『**甘口**』はフレッシュチーズとカナッペにしてもよいですね。

土佐の殿様が名づけ親
かつおの内臓の塩漬け

●価格／酒盗甘口(200g) 735円、酒盗辛口(200g) 630円
●注文方法／TEL、FAX、公式HP
※支払い方法は代金引換、郵便振替、銀行振込

冷蔵

●福辰(ふくたつ)

〒780-0870　高知県高知市本町3丁目1-15
tel: 0120-23-3439　fax: 088-825-2588
http: //www.fukutatsu.co.jp

四万十川天然鰻茶漬

【四万十屋】

高知を流れる全長200km近い四万十川は、うなぎや鮎、川えびなどの川の幸に恵まれた清流。訪れるたびに、この豊かで清らかな流れがいつまでも変わらないことを祈る思いです。『**四万十川天然鰻茶漬**』は漁師だった先代が始めた川魚料理の店「**四万十屋**」の逸品で、地元の漁師がとった天然うなぎを煮込んだもの。お茶漬けにすると、その芳醇なおいしさのとりこになります。

清流四万十川で育った
天然うなぎを使った芳醇な味わい

●価格／木箱入り(80g) 5250円
●注文方法／TEL、FAX、公式HP
※支払い方法は代金引換、カード払い

●四万十屋(しまんとや)

〒787-0157　高知県四万十市山路2494-1
tel: 0880-36-2828　fax: 0880-36-2588
http: //www.shimantoya.com

高知

ほどよい大きさでジューシーな
南国高知の特産フルーツ

土佐文旦

【市川青果】

高知は南国特有の豊かな陽の光と温暖な気候から、小夏、みかんなどの柑橘類、メロン、新高梨、トロピカルフルーツのマンゴー、パイナップルなどなど、さまざまな果物が栽培されています。ぶんたんもそのひとつ。じつは「**市川青果**」で『**土佐文旦**』を知るまでは、ぶんたんは味はよいが、皮が厚く、子供の頭ほどもある大きさの割に果肉が少ない、と思っていました。高知のぶんたんは400 ～ 600g くらいで、皮も薄め。ジューシーでさわやかな風味の『**土佐文旦**』は、ハウスものもありますが、やっぱり光のシャワーをたっぷり浴びた２～５月の露地物がおすすめですね。

●価格／ハウス栽培物 3kg 3000 ～ 4000 円、露地栽培物 5kg 3500 ～ 6000 円
●注文方法／ TEL、FAX、郵便
※支払い方法は代金引換、郵便振替、銀行振込

●市川青果（いちかわせいか）
〒 780-0811　高知県高知市弘化台 12-12
tel: 088-882-0555　fax: 088-884-1414

天日でしっかり干した
味わい深い丸干しいわし

釣りうるめ

【寺尾商店】

釣った近海のうるめいわしを何日もかけて天日干しにした『**釣りうるめ**』。最近の生干しに慣れてしまった私たちには、ちょっと驚きの堅さで「釘が打てそう」と言った人がいるほどです。この丸干しは、焦がさないように弱火でじっくり焼くのが、おいしく味わうポイント。ゆっくりかみしめると、塩乾魚特有のうまみがじんわりと伝わって、お酒がすすんでしまいます。

●価格／１袋 100g 入り (5 ～ 7 尾) 700 円、1 箱 1kg 入り (45 ～ 50 尾) 5500 円
●注文方法／ TEL、FAX
※支払い方法は代金引換、郵便振替、銀行振込

●寺尾商店 (てらおしょうてん)
〒 784-0003　高知県安芸市久世町 6-7
tel: 0887-35-4912　fax: 0887-35-4912

高知の東の端の野根に伝わる
まゆのような形の薄皮まんじゅう

野根まんぢう

【本家野根まんぢう福田屋】

おまんじゅうのような、といえば丸いものを指しますが、『**野根まんぢう**』はまゆのような形で、私の親指ほどのひと口サイズ。もともと高知県の安芸郡の野根に藩政の頃からあった薄皮まんじゅうで、現在でも、何軒かの店で作られ、郷土のおまんじゅうとして親しまれています。「**福田屋**」のは、小豆のこしあんがあっさりとして、後味がよいのが魅力ですね。

●価格／ 1 箱 12 個入り 630 円ほか
●注文方法／ TEL、FAX
※支払い方法は代金引換、郵便振替、銀行振込

●本家野根まんぢう福田屋
（ほんけのねまんぢうふくだや）
〒 781-7101　高知県室戸市室戸岬町 2872-4
tel・fax: 0887-23-1423

九州

長崎県の茂木付近はびわの産地として知られていますが、これは長崎が外国に対して開かれたたったひとつの小さな窓となっていた江戸時代に、中国の南部から伝わった果物と伝えられています。びわに限りません。九州には外国伝来の文化がたくさんあります。かつて、九州は日本の玄関でした。古くは卑弥呼にさかのぼり、その後、ポルトガル船が種子島に漂着したり、フランシスコ・ザビエルが布教のために上陸したりしました。しかし、江戸幕府が鎖国令を出してからは、長崎の出島だけが外国と交易ができる場所となりました。しかも出島への出入りが許されたのはオランダと中国だけで、日本人の立ち入りも制限されていました。

そんな厳しい統制のなかでも、長崎の人々や九州の大名たちは出島からもれ伝わる情報で、ヨーロッパや中国など大陸の文化を知り、生活に取り入れました。カステラや天ぷら、卓袱《しっぽく》料理はその最たるものといえるでしょう。

さて九州の様子を知るには北、中、南の３つに分けてみるとよいでしょう。九州の中心は大都市の福岡、工業が盛んな北九州市などのある北九州です。平野が広く、農業地帯としても知られています。また、三方を海に囲まれて漁業も盛んで、佐賀の有明海沿いはのりの養殖でも有名です。

中九州は海岸沿いに大きな工業都市がありますが、農業の盛んな地域。米づくりのほか、熊本ではすいかや露地メロン、大分ではしいたけやみかんの栽培が行われています。漁業では“関あじ、関さば” のブランド魚がことに有名。大分の佐賀関と愛媛の佐田岬を結ぶ急流の豊予海でとれるさばやあじで、身が締まり、格別の味わいと評判を呼んでいます。

南九州は宮崎ではピーマンやかぼちゃなど野菜栽培が盛んで、鹿児島周辺の火山灰の大地では特産のさつまいもが作られています。また黒豚をはじめ、和牛や鶏の産地としてもよく知られた土地です。さらに、四季を通じて温かな南の島々では、最近はパイナップルやマンゴーなど南国のフルーツの栽培が進んでいます。

九州地方

お取り寄せ

温暖な気候と豊かな海流に恵まれ、
その“食”の数々は格別の味わいで知られています。
また古くから日本の玄関として
多くの異文化を取り入れてきた背景もあり
お取り寄せの顔ぶれも多種多様です。

佐賀

いかの塩辛
ゆずこしょう
昔ようかん

福岡

辛子明太子
鶏卵素麺
鶴乃子

長崎

からすみ
東坡煮
長崎角煮まんじゅう
もてなしちゃんぽん・もてなし皿うどん
茂木ビワゼリー
カステラ

熊本

馬刺
山うにとうふ
甘夏
甘夏マーマレード

大分

椎茸の佃煮
柚子ねり
黄飯餅

宮崎

鶏のささみくんせい
ひや汁
ちりめん
日向夏
きんかん

鹿児島

鰹節本枯節
さつまあげ
きびなごの黒酢炊き
焼いもっ娘
軽羹

厳選した北海道たらこを使い
素材の持ち味を生かした間違いのない味

辛子明太子

【稚加榮本舗】

明太子の名は韓国語の "明太(ミョンテ)" から。すけとうだらのことで、日本人はこれをメンタイと読んで、たらの子だからメンタイコとなったということです。私とこの『**辛子明太子**』との出会いは、もう 20 年も前になるでしょうか。福岡出張の折によった料亭「**稚加榮**」で、突き出しにいただきました。塩分を控え、上質の一味唐辛子を使った上品な味。卵ひとつぶひとつぶがはじける食感も気に入り、思わずおみやげに買い求めましたが、箱の中に美しく並んだ様子にも、また感激。今では、クール便のおかげで、どこでもいながらにしてその味が楽しめ、幸せですね。

冷蔵

●価格／1 箱 (127g 3 ～ 7 本) 1575 円、1 箱 (275g 4 ～ 8 本) 3465 円ほか
●注文方法／ TEL、FAX、公式 HP
※支払い方法は代金引換、現金書留、銀行振込

●稚加榮本舗 (ちかえほんぽ)
〒 810-0041　福岡県福岡市中央区
大名 2 丁目 2-19
tel: 0120-17-4487　fax: 092-761-1589
http: //www.chikae.co.jp

砂糖と卵を贅沢に使った
ポルトガル生まれのお菓子

鶏卵素麺

【松屋菓子舗】

400年の歴史を誇り、黒田藩の御用菓子商でもあった「**松屋菓子舗**」。この店の『**鶏卵素麺**』は、加賀の長正殿、越後の越の雪と並ぶ日本三銘菓です。卵黄を沸騰した糖蜜に細く流し入れ、フワッと浮き上がったところで引き上げるのですが、この見極めはまさに熟練の技。少量を口に含んでそっとかむと、甘〜い蜜がジワッと染み出します。ひとり分を昆布で結んだ『**たばね**』も扱いやすくて重宝。

●価格／鶏卵素麺1箱1本入り1050円ほか、鶏卵素麺たばね1箱8個入り1365円ほか
●注文方法／TEL、FAX
※支払い方法は代金引換

●松屋菓子舗（まつやかしほ）
〒812-0026　福岡県福岡市博多区上川端町14-18
tel: 092-291-5244　fax: 092-291-5419

“ホワイトデーにはマシュマロ”の
仕掛け人はこの店の3代目

鶴乃子

【石村萬盛堂】

卵形の白い紙箱に勢いよく墨で描かれた鶴。どなたも一度は目にしたことがあるのでは。ふかふかのマシュマロと黄身あんの組み合わせの『**鶴乃子**』は、甘く優しい、お菓子のイメージそのもの。我が家の4人の子供たちは、白とピンクの紙に包まれてお行儀よく並んだ様子を見ると、「わぁー」と歓声を上げていました。このお菓子をいただくたびに、そんな光景がよみがえります。

●価格／1箱8個入り800円、1箱11個入り1050円ほか
●注文方法／TEL、FAX、公式HP
※支払い方法は代金引換、郵便振替

●石村萬盛堂（いしむらまんせいどう）
〒812-0026　福岡県福岡市博多区須崎町2-1
tel: 0120-222-541　fax: 092-475-6070
http://www.ishimura.co.jp/

麹を加え、一段と風味よく
まろやかな味に仕上げた

いかの塩辛

【木屋】

唐津市の呼子は港町。毎日開かれるという朝市は近海産のさまざまな種類の魚がところ狭しと並び、活気にあふれていました。

佐賀出身でいらっしゃる江上栄子先生から、いかも豊富にとれることはうかがっていましたが、なるほど"呼子のいか"は美味。一夜干しやいかシュウマイなどが有名ですが、いかの身と内臓を塩で漬け込んで作る塩辛も、大切に守りたい味ですね。発酵の力で生のいかを保存し、熟成のうまみも加えた先人の知恵の結集。その味わいは、呼子の新鮮でおいしいいかで作った「**木屋**」の『**いかの塩辛**』に、しっかりと受け継がれています。

●価格／1びん(170g) 630円　冷蔵
●注文方法／TEL、FAX、郵便、公式HP
※支払い方法は代金引換、郵便振替

●木屋(きや)
〒847-0303　佐賀県唐津市
呼子町呼子 3764-5
tel: 0120-425-447　fax: 0955-82-5686
http://www.yobuko.co.jp/

口コミで広がった
みかん生産農家の主婦の手作り

ゆずこしょう

【ゆず工房】

九州のおみやげでゆずこしょうをいただいたのが30年ほど前。今ではすっかりポピュラーですが、その頃は名前も知らない人がほとんどでした。柚子の皮、唐辛子、塩と材料はシンプルですが、レシピは奥深く、「**ゆず工房**」の主人吉原さんは6年かけて、きび砂糖が隠し味の、この『**ゆずこしょう**』にたどりついたそうです。新鮮な柚子の香りとすっきりとした辛みが評判になった今も、無添加の手作りにこだわりま

●価格／1びん赤・青とも(92g) 630円、箱代1枚50円
●注文方法／TEL、FAX
※支払い方法は代金引換

冷凍（夏のみ）

●ゆず工房(ゆずこうぼう)
〒847-1106　佐賀県東松浦郡七山村滝川690
tel: 0955-58-2553　fax: 0955-58-2569

経木包みの
なつかしい風情も素敵

昔ようかん

【八頭司伝吉本舗】

小城の町を歩くと、ようかん屋の多さに驚かされます。明治の初めからようかん作りが盛んなこの町では、今も20ほどの店が軒を連ねているそうです。小城ようかんは時間とともに表面の砂糖が白く結晶するのが特徴。「**八頭司伝吉本舗**」の『**昔ようかん**』は伝統の製法を守り、その真髄を受け継いでいます。表面はサクッ、中は柔らかと、上品な甘みとともに2つの食感が楽しめて、何か得をしたような気分です。

●価格／大1本1050円、中1本840円、小1本420円
●注文方法／TEL、FAX
※支払い方法は代金引換

●八頭司伝吉本舗(やとうじでんきちほんぽ)
〒845-0001　佐賀県小城市小城町152-17
tel: 0952-73-2355　fax: 0952-73-3155

ねっとりとした舌触りと
ゆっくりと広がるうまみが身上

からすみ

【味藤】

からすみは、ぼらの卵を塩漬けしたもので、形が昔の中国、唐の墨に似ていることからこう名づけられたとか。台湾やイタリアでも作られていますが、やはり国産は味の深みに格段の差があります。「**味藤**」の『**からすみ**』は、同じ長崎の、角煮まんじゅうで知られる岩崎本舗の社長さんにいただいて以来のファン。ぼらの卵を塩だけで仕込んだ自社製品のみを扱い、原卵を保存して通年製造しているので、いつも作りたてをいただくことができます。からすみは大根、きゅうりなどと相性よしですが、はさむと水けを吸って味が損なわれます。添えて交互に食べるのが私のおすすめ。

●価格／片腹 2100 円から、ひと腹 5250 円から
●注文方法／ TEL、FAX、公式 HP
※支払い方法は代金引換、銀行振込

●味藤 (あじとう)
〒 847-1106　長崎県長崎市白木町 7-44
tel: 0120-77-2151　fax: 095-827-2152
http: //www.234.co.jp/

中国の詩人蘇東坡が好んだ
東坡肉《トンボーロー》に独自の味つけを加えた

東坡煮《とうばに》

【坂本屋】

豚の角煮の東坡肉は、大ぶりに切った豚の三枚肉をじっくりと煮込んだ、長崎名物、卓袱《しっぽく》料理の代表的な一品です。沖縄のDNAを持つ私は大の豚肉好きで、角煮も好物のひとつ。特に、舌でとろける脂身のうまみに弱く、人の分までもらって食べるほどです。「**坂本屋**」の『**東坡煮**』は真空パック。熱湯でゆっくりと温めるだけでていねいな仕事の老舗ならではの味がいただけます。

●価格／1箱5個入り2100円ほか
●注文方法／TEL、FAX、公式HP
※支払い方法は代金引換

●坂本屋（さかもとや）

〒850-0037　長崎県長崎市金屋町2-13

tel: 0120-26-8210　fax: 095-825-5944

http: //www.sakamotoya.co.jp

手軽に長崎の味が楽しめて
育ち盛りのおやつにもおすすめ

長崎角煮まんじゅう

【岩崎本舗】

長崎講演の帰り道、空港でふと手にとって以来、私の取り寄せリストにしっかり入った一品。厚く切った角煮をふかふかのまんじゅうではさんだ『**角煮まんじゅう**』は、「**岩崎本舗**」の初代のアイディアです。選び抜いた豚三枚肉を時間をかけてとろけるように仕上げた角煮は、余計な脂は落ち、肉そのものの甘みが味わえます。蒸し器で蒸し直した柔らかな食感も結構です。

●価格／1箱10個入り3150円ほか
●注文方法／TEL、FAX、公式HP
※支払い方法は代金引換、カード払い、コンビニ払い

●岩崎本舗（いわさきほんぽ）

〒851-2129　長崎県西彼杵郡
長与町斉藤郷1006-13

tel: 0120-65-0806　fax: 0120-64-0806

http: //www.0806.jp

長崎

添加物をいっさい使わず
素材を厳選した安心の味

もてなしちゃんぽん・もてなし皿うどん

【雲仙きのこ本舗】

●価格／1袋1人前420円、1箱8袋入り3360円ほか
●注文方法／TEL、FAX、郵便、公式HP
※支払い方法は代金引換、郵便振替、コンビニ払い

●雲仙きのこ本舗(うんぜんきのこほんぽ)

〒859-2203　長崎県南島原市
有家町尾上3147

tel: 0120-82-0085　fax: 0120-82-0355

http: //www.unzenkinoko.co.jp

雲仙岳の麓に位置する「**雲仙きのこ本舗**」は、本来はきのこの生産者。自然との共存、循環型農業を実践し、地元の生産農家との連携で地域の活性化も図っています。普賢岳の噴火によって大打撃を受けた葉タバコ農家も、その一員と聞きました。“美味養生”が企業テーマとのことで、私のモットー“おいしく食べて健康長寿”に通じるものがある、となにやらうれしく感じます。『**もてなしちゃんぽん**』、『**もてなし皿うどん**』にも、えびや野菜に加えてたっぷりのきのこが入り、伝統の製法のスープは化学調味料無添加。普通のインスタント麺とは一線を画す自然でまっとうな味です。

中国伝来の銘菓、『一〇香』で
有名なお店の新銘菓

茂木ビワゼリー

【茂木一〇香本家】

封を切って器に空けると、甘い香りとともにゼリーにくるまれた丸ごとのびわが現れ、涼しげな風情が楽しめます。などと言いながら私は、冷たいびわゼリーを袋から直接ちゅるん、ちゅるん。「岸さんのかけつけ３個」と会社のスタッフに笑われ、自分でもお行儀が悪いと知りながら、上品な甘みとのど越しの清涼感にいつも負けてしまうのです。

●価格／１個 210 円、１箱 15 個入り 3150 円ほか
●注文方法／TEL、FAX
※支払い方法は代金引換、郵便振替、銀行振込、カード払い

●茂木一〇香本家（もぎいちまるこうほんけ）
〒 851-0241　長崎県長崎市茂木町 1805
tel: 0120-49-1052　fax: 095-836-2765
http: //www.biwajelly.co.jp

スペインの古王国、カスティラの
パンが起源になった

カステラ

【松翁軒】

長崎といえばカステラですが、会社創立 25 周年記念の長崎旅行で買い求めたのは、300 年を超える老舗「**松翁軒**」の『**カステラ**』。今も一枚一枚、仕込みから焼き上がりまでをひとりの職人が担当し、伝統の味を守っています。しっとりとした生地の穏やかな風味と、底に溶け残ったざらめのガリッという歯ざわり、しっかりした甘さは、きちんと作られているからこその、カステラの醍醐味です。

●価格／ 1.0 号１本 1470 円
●注文方法／ TEL、FAX
※支払い方法は代金引換、郵便振替

●松翁軒（しょうおうけん）
〒 850-0874　長崎県長崎市魚の町 3-19
tel: 0120-150750　fax: 0120-650750
http: //www.shooken.com/

戦国武将加藤清正が
兵士に食べさせたのが始まりとも

馬刺

【村善】

馬肉を食べる習慣は、長野県や東北地方でも見られますが、今、本場といえば熊本でしょう。清正が肥後の国、今の熊本を治めていた頃からというと約400年の歴史があることになります。馬肉を味わうならなんといっても馬刺。もっともポピュラーな赤身は低たんぱく、低コレステロールで、ヘルシーな肉。くせがなく、ほのかな甘みが身上です。私のお気に入り、「**村善**」の『**馬刺**』大トロは霜降りの極上品で、舌の上であふれるうまみがとろけるよう。数切れで大満足の味です。定番のしょうがじょうゆのほか、にんにくじょうゆやカルパッチョ風でもお試しを。

●価格／大トロ 100g 3150円　冷蔵
●注文方法／ TEL、FAX、郵便、公式HP
※支払い方法は代金引換、郵便振替、銀行振込、カード払い

●村善（むらぜん）
〒862-0926　熊本県熊本市
保田窪2丁目9-5
tel: 0120-41-8348　fax: 096-384-5818
http: //www.murazen.jp

山うにとうふ

【五木屋本舗】

800年前、平家の落人が
編み出したと言い伝えられる

私もそうでしたが、初めて食べた人はきっと、「これは何？」と思うでしょう。山うにとうふはひと言で言えば“豆腐のみそ漬け”。その名のとおり、うにのようなねっとりとした食感と濃厚な風味があり、貴重なたんぱく源を保存するために生み出された､先人の叡智の結晶です。特製の“堅豆腐”を秘伝のもろみみそに漬け込み、半年間ゆっくりと発酵、熟成させた「**五木屋本舗**」の『**山うにとうふ**』はまた格別の味。

●価格／1箱(150g) 525円、1箱(250g) 735円ほか
●注文方法／TEL、FAX、郵便、公式HP
※支払い方法は代金引換、郵便振替、コンビニ払い

●五木屋本舗(いつきやほんぽ)

〒868-0203　熊本県球磨郡五木村丙635-3

tel: 0120-096-102　fax: 0120-3102-15

http: //www.itsukiyahonpo.co.jp

甘夏　甘夏マーマレード

【ガイアみなまた】

ジューシーで
酸味と甘みのバランスも抜群

「**ガイアみなまた**」の『**甘夏**』は、“生産者グループきばる”の生産。“きばる”は水俣の人たちが結成したグループで、公害に苦しんだ自分たちの体験を無駄にすまいと、食の安全性にこだわり、有機低農薬農法に徹した農業を行っています。木で充分に熟すのを待ち、収穫は2月中旬から3月末に。通年販売の『**マーマレード**』は、この甘夏ときび砂糖、種からとったペクチンだけで作られ､さらりと自然な甘さです。

●価格／甘夏1ケース(10kg) 2200円
甘夏マーマレード1びん(250g) 525円ほか
●注文方法／TEL、FAX
※支払い方法は郵便振替

●ガイアみなまた(がいあみなまた)

〒867-0034　熊本県水俣市袋字陣原1-39

tel: 0966-62-0810　fax: 0966-62-0814

お母さんスタッフが煮上げる
正真正銘「おふくろの味」

椎茸の佃煮

【姫野一郎商店】

大分県はしいたけの一大生産地。なかでも竹田市は生産量日本一を誇り、今も茸師《ばなし》と呼ばれる職人たちが高品質のしいたけを生産しています。輸入しいたけに押され、厳しい環境に置かれている国内の生産者にまず、エールを送りたいと思います。

きのこや山菜など、竹田地方の特産品を取り扱う「**姫野一郎商店**」に、明治10年創業。25年ほど前からは、しいたけやぜんまいなどを使った佃煮も製造しています。小ぶりのしいたけを柔らかく煮た『**おふくろ煮**』、青唐辛子の辛みがきいた『**ピリ辛椎茸**』など、どれもしいたけのうまみを生かした薄味仕立て。ほっとする日本の味です。

●価格／おふくろ煮1袋(120g) 470円、ピリ辛椎茸1袋(100g) 470円、椎茸こんぶ1袋(100g) 470円
●注文方法／TEL、FAX、公式HP
※支払い方法は代金引換、郵便振替、銀行振込

●姫野一郎商店(ひめのいちろうしょうてん)
〒878-0012　大分県竹田市竹田町235
tel: 0974-63-2853　fax: 0974-63-0528
http://www.shiitake-himeno.co.jp/

甘ずっぱくほのかな
苦みがゆかしい品のよいお茶請け

柚子ねり

【由布院　玉の湯】

私が「**由布院　玉の湯**」のご主人と知り合ったのは、“一村一品運動”を通じてのこと。当時はひなびた湯の町だった湯布院も今では、癒しの里として女性に人気です。「**玉の湯**」では、地元の特産品から種々のオリジナル食品を作っていますが、私が好きなのはマーマレードのような『**柚子ねり**』。樹齢100年の古木から枝分けした柚子の木になる“100年柚子”を使い、ていねいに仕上げられています。

●価格／1びん(120g) 1000円
●注文方法／TEL、FAX
※支払い方法は代金引換

●由布院 玉の湯(ゆふいん たまのゆ)
〒879-5197　大分県由布市湯布院町湯の坪
tel: 0977-84-2158　fax: 0977-85-4179

臼杵に伝わる郷土料理
“黄飯”にちなんだ素朴なお餅

黄飯餅

【西商】

黄飯はくちなしの実でもち米を黄色く炊き上げたご飯で、臼杵地方では赤飯の代わりに食べられていたとか。この黄飯を手軽に食べられるようにアレンジしたのが、「**西商**」の『**黄飯餅**』です。黄色に染められ、ムチムチした食感のもち米の中には、小豆の粒と、こし、いもの3種のあん。仕事で長いおつきあいのある地元九州の印刷会社の方に教えていただいた、ご当地ならではのお菓子です。

●価格／1個80円、1箱10個入り1000円ほか
●注文方法／TEL、FAX、公式HP
※支払い方法は代金引換

●西商(にししょう)
〒875-0051　大分県臼杵市戸室1005
tel: 0972-63-3351　fax: 0972-63-1330
http: //www.web-i.ne.jp/kannondo/

かみしめるほどに、
肉のうまみがじんわり広がる

鶏のささみくんせい

【雲海物産】

昔から宮崎の鶏肉は、肉が締まって甘みがあることで知られています。鶏肉の生産高でも宮崎県は全国２位とのこと。そんな鶏肉の本場で選び抜かれた新鮮な鶏のささ身に塩だけで味つけし、ていねいに燻し上げたのが、「**雲海物産**」の『**鶏のささみくんせい**』です。

ささ身をほどよく熟成させ、レンガ造りの窯で燻しますが、燻し材の桜のチップも厳選し、細部にこだわる製法。凝縮された味わいは酒の肴にはもちろん、スライスして酢の物やサラダ、サンドイッチに。キャンプのお供にもよいですし、刻んで炊き込みご飯にしても結構ですね。

●価格／ M サイズ 1 本 126 円、木箱 L サイズ 15 本入り 3150 円ほか
●注文方法／ TEL、FAX
※支払い方法は代金引換

●雲海物産（うんかいぶっさん）
〒 880-1302　宮崎県綾町大字北俣 1252-2
tel: 0985-77-1125　fax: 0985-77-0049
http://www.unkaibussan.co.jp/

食欲のおちる夏場におすすめ
宮崎に古くから伝わる郷土料理

ひや汁

【宮崎観光ホテル】

なぜかご縁がなくて永らく恋い焦がれていた宮崎にも、先日ついに講演で訪れ、宿泊先の「**宮崎観光ホテル**」で本場の冷や汁をいただきました。これは、すった煮干しやいりごま、みそをだしで伸ばし、きゅうり、青じそ、豆腐などを浮かべた冷たい汁ですが、温かいご飯にかけていただいて、改めておいしさを実感。ご紹介する『**ひや汁**』は同じホテルのレトルトパック版。お酒の後にもいけるはずです。

●価格／1パック262円、1箱6パック入り1575円ほか
●注文方法／TEL、FAX
※支払い方法は代金引換

●宮崎観光ホテル（みやざきかんこうほてる）
〒880-08652　宮崎県宮崎市松山1丁目1-1
tel: 0985-32-5921　fax: 0985-32-5924

安全、美味、栄養たっぷりがテーマ、
というご主人の心意気を感じる

ちりめん

【高橋水産】

「**高橋水産**」の『**ちりめん**』は、日向灘、土々呂漁港で水揚げされるいわしの稚魚を新鮮なうちに炊き上げ、天日干し、無添加無漂白で仕上げたもの。品質を守るために大量生産は行わず、手間と愛情をかけて作られていますから、味は太鼓判。自然な塩けはそのままでも充分美味ですが、私は、サッと揚げておひたしやサラダにかけたり、豆腐と混ぜたりしても楽しみます。

●価格／1パック(80g) 630円　冷蔵
●注文方法／TEL、FAX、公式HP
※支払い方法は代金引換

●高橋水産（たかはしすいさん）
〒889-0513　宮崎県延岡市
土々呂町3丁目4029-2
tel: 0982-37-0626　fax: 0982-37-7411
http: //www.miyazaki-totoro.net

江戸後期に日向で発見された
みずみずしくさわやかな果物

日向夏

【綾児玉果樹園】

日向夏は果汁たっぷりで、甘さと酸味のバランスもほどよい、私が最も好きな柑橘類のひとつ。表皮を薄くむき、実を白い皮ごと食べるのが本来の味わい方です。綾町はその一大産地で、「**綾児玉果樹園**」の初代は、最初に日向夏栽培を始めた農家のひとり。現在の４代目は、綾町の自然生態系農業に賛同し、低農薬で除草剤を使わない栽培法でおいしく安全な果物づくりをしています。

●価格／ハウス栽培物（2～3月）1箱（2.5kg）2000～3000円前後、露地栽培物（3～4月）1箱（2.5kg）1500～2000円前後
●注文方法／TEL、FAX、公式HP
※支払い方法は代金引換、郵便振替

●綾児玉果樹園（あやこだまかじゅえん）
〒880-1302　宮崎県綾町大字北俣2045
tel・fax: 0985-77-3225
http: //hyuganatu.com/k/

箱にきれいに並んだ様子は、
まるで宝石箱のよう

きんかん

【小窪農園】

「**小窪農園**」は何代にも渡って家族で農園を切り盛りし、柑橘類を栽培しています。なかでも『**きんかん**』は大粒、ジューシーで、砂糖漬けや果実酒のほか、ふたつに切ってマーマレードにしても美味。地元では、丸ごと冷凍し、夏にシャーベット代わりに食べるとか。肥料を与えすぎずに木の力を最大限に引き出し、害虫駆除には天敵を利用し、低農薬栽培を進めているというのも頼もしい限りです。

●価格／1箱（1kg）2000～3000円
●注文方法／TEL
※支払い方法は代金引換、銀行振込

●小窪農園（こくぼのうえん）
〒880-2215　宮崎県宮崎市高岡町高浜704-1
tel: 0985-82-0581

鰹節生産の４割を占める枕崎でも
数軒しかない本枯節の製造元の逸品

鰹節本枯節

【丸久鰹節店】

昔はどの家でも、食事の支度どきにはシャッシャッと鰹節を削る音がしたもの。今はインスタントのだしの素が全盛ですが、削りたてのかつおでひいただしには、香りも風味も遠く及びません。普通の鰹節にカビつけしてうまみと保存性を高めたこの『**本枯節**』は鰹節の最高級品。「**丸久鰹節店**」では、１本１本手作業で、いぶし、カビつけ、天日干しを繰り返し、半年から１年をかけて仕上げています。服部幸應さんのご贔屓というだけあって品質は抜群。製造元なので、お値段もリーズナブルです。しまいこんでいたかつお節削りを久しぶりに取り出してみたくなりました。

●価格／１箱４本前後 (1kg) 5250 円
●注文方法／ TEL、FAX
※支払い方法は代金引換、郵便振替、銀行振込

●丸久鰹節店 (まるきゅうかつおぶしてん)
〒 898-0018　鹿児島県枕崎市桜木町 120
tel: 0993-72-2654　fax: 0993-72-6209

鹿児島

100% 菜種油の風味が生きた
鮮度抜群の本場のさつま揚げ

さつまあげ

【カワノすり身店】

さつま揚げと名がつくものは日本各地にありますが、本場の「**カワノすり身店**」のものはさすが。原料は国内産にこだわり、鮮度のよいものを厳選しています。揚げ油はすり身に合った鹿児島産の100％菜種油。天然調味料だけで味つけし、もちろん保存料は無添加。れんこんやさつまいもなどの野菜入りは、食感と味の変化も楽しめます。そのままでも、軽くあぶってもよし。たっぷりの大根おろしを添えるのも結構です。

●価格／さつまあげセット (6 種詰め合わせ) 1050 円から
●注文方法／ TEL、FAX、公式 HP
※支払い方法は代金引換、郵便振替、銀行振込

冷蔵

●カワノすり身店 (かわのすりみてん)

〒 891-0501　鹿児島県指宿市山川新栄町 1-6
tel: 0993-34-2118　fax: 0993-34-0053
http: //www3.synapse.ne.jp/kawanosurimi/

きびなごと黒酢と黒糖、
鹿児島の特産品から生み出された品

きびなごの黒酢炊き

【平塚屋】

鹿児島県の東部、阿久根の前浜で水揚げされるきびなごは、春の味覚。刺身でいただくのも結構ですが、創業 100 年の「**平塚屋**」の『**きびなごの黒酢炊き**』も、ぜひ味わいたい鹿児島の味。産卵前の丸々と太ったきびなごを炭火でていねいに焼き、黒糖を使った秘伝のたれと黒酢で炊き上げます。コクがあるのにさっぱりとして骨まで食べられる柔らかさ。酒の肴にも、ご飯のお供にもぴったりです。

●価格／ 1 パック (100g) 420 円
●注文方法／ TEL、FAX
※支払い方法は代金引換、郵便振替、銀行振込、カード払い

●平塚屋 (ひらつかや)

〒 899-1613　鹿児島県阿久根市新町 1
tel: 0996-73-1525　fax: 0996-73-1528
http://www.tsukeage-hiratsuka.com/index.html

解凍していつでも食べられるから
私のようないも好きには最高

焼いもっ娘

【ふじた農産】

さつまいもには目がない私ですから、この「**ふじた農産**」の『**焼いもっ娘**』に出会ったときには感激しました。鮮やかなオレンジの安納芋は種子島安納地区特産で、ねっとりとした口当たり。紫芋の１種、種子島紫はポリフェノール豊富で、どちらも糖度は抜群。１か月以上熟成させ、炭火と桜島の溶岩プレートでじっくり焼き上げた、豊かな鹿児島の大地の味です。

●価格／安納芋・種子島紫とも 1 袋 (500g) 各 630 円
●注文方法／ TEL
※支払い方法は代金引換
冷凍

●ふじた農産 (ふじたのうさん)
〒 890-0042　鹿児島県鹿児島市薬師 2 丁目 8-31
tel: 0120-809037　fax: 099-251-8009

しっとりとした口当たりの
端正な蒸し菓子

軽羹《かるかん》

【明石屋】

鹿児島名産の和菓子、軽羹の歴史は長く、最も古い記録は約 300 年前。それ以来、祝いの席や重要な場面には必ずといってよいほど登場してきた歴史と格式のあるお菓子です。軽羹の元祖「**明石屋**」は島津家御用菓子司でもあった老舗。材料のひとつ、鹿児島産の自然薯不作の年には製造を限定したというほどのこだわりで、伝統の銘菓を守り伝えています。

●価格／ 1 箱 (700g) 1890 円ほか 、個装 1 箱 (10 枚入り) 2100 円
●注文方法／ TEL、FAX、公式 HP
※支払い方法は代金引換、銀行振込

●明石屋 (あかしや)
〒 892-0828　鹿児島県鹿児島市金生町 4-16
tel: 0120-080-431　fax: 099-226-0433
http: //www.akashiya.co.jp

沖縄

年の平均気温22度。ときに襲う激しい雨。一年中繁る亜熱帯植物。色鮮やかな魚が泳ぎ回る青い海。沖縄の様子は日本の他の地域とは明らかに違います。この気候、風土の違いに加え、17世紀に薩摩藩の島津氏に征服されるまで、沖縄は琉球という独立国でした。こうした背景から、沖縄には独自の食文化が形成されています。

沖縄料理が本土の料理と最も大きく違う点は、昔から肉が食べられてきたことでしょう。なかでも豚がよく利用されるのですが「爪と鳴き声以外はすべて食べる」といわれるほど。血液さえも固めて炒め物に利用されます。

また、ブームにもなっているゴーヤーやへちまを使った料理も沖縄ならではのものでしょう。沖縄では畑の野菜だけでなく、フーチバー(よもぎ)、ンジャナ(苦菜)などの野草も使われます。毒にならないものならなんでも食べるのが沖縄流。厳しい自然条件や、平地が少ないなどの不利な環境を乗り越えるために工夫を凝らした結果ですが、どれも栄養学的に納得できるものばかり。沖縄料理が医食同源にかなった長寿食と言われる所以です。

青い海からは新鮮な海の幸が豊富にとれます。そのとれたての魚を塩と少々の水だけで蒸し煮にするマース煮は、沖縄では何よりのご馳走です。海藻もよく利用されます。モーイという寒天と同じような性質の海藻を使い、魚の身のほぐしたものなどを入れて豆腐のように固めた伝統食もあります。

昆布がよく使われるのも沖縄料理の特色。その消費量は全国でも１、２を争うほど。しかし、沖縄ではモズクは盛んに養殖されていますが、昆布はとれません。なぜ、と疑問がわくところです。じつは江戸時代、日本と中国の交易の中継点として沖縄が利用されていたのですが、その輸出品に北海道産の昆布があり、それが使われるようになったのです。

こうした沖縄の食は米軍の駐留によるアメリカの食文化との融合もはたし、ポークおにぎり、タコライスなどの新しい料理を創出しています。

沖縄地方

お取り寄せ

17世紀までに独立国家だったという歴史的背景、
他の地方から遠く離れた地理的条件に亜熱帯気候と、
明らかに本土とはさまざまな面で異なる沖縄。
“食”に関しても独特なものがあり、
それはお取り寄せ商品からも一目瞭然です。

カステラかまぼこ
唐芙蓉
島とうふ
アンダンス
もずくんスープ
球美の海ぶどう
ソーキそば
シークワーサー 100% ジュース
こーれーぐす
石垣島ラー油
サーターアンダギー
ちんすこう
李桃餅

食卓がぱっと華やかになる
存在感たっぷりの逸品

カステラかまぼこ

【ボーボー屋】

いかにも手作りの、しっとりとした口当たりとふんわりとした甘さ…。私が「**ボーボー屋**」の『**カステラかまぼこ**』が好きなわけはここにあります。カステラかまぼこは、魚のすり身にたっぷりの全卵、さらに卵黄も加えた、黄色も鮮やかな蒸しかまぼこ。沖縄かまぼこのなかでも高級品で、家族の大切な日に欠かせない一品として伝えられてきました。私も、同じ生地をたいの形に蒸し揚げた『**鯛かまぼこ**』を沖縄のおばのお祝いの席に注文したことも。

屋号の由来は創業者のおばあちゃんが赤ちゃんのように可愛らしかったからとか。沖縄の方言で、赤ちゃんのことをボーボーと呼ぶのだそうです。

●価格／1本1470円　冷蔵
●注文方法／TEL、FAX
※支払い方法は代金引換、銀行振込

●ボーボー屋（ぼーぼーや）
〒901-0305　沖縄県糸満市
西崎町4丁目17-16
tel: 098-992-0838
http://www.papalagi-b.jp/boboya/

沖縄

永い時を経て蘇った
琉球王朝秘伝の高級珍味

唐芙蓉《とうふよう》

【紅濱】

箸先につけて少量を口に含むとほんのりと甘く、なめらかな舌触りの豆腐よう。やがて濃密なうまみと泡盛の芳醇な香りが広がります。

豆腐ようは琉球王朝ゆかりの旧家で作られていた発酵食品で、王朝の終焉とともに幻の味に。それを、琉球大学農学部教授の研究を元に独自の紅麹を開発し、『**唐芙蓉**』として復活させたのが「**紅濱**」です。角切りの島豆腐を陰干しし、紅麹と黄麹、泡盛と少量の塩を合わせた真っ赤な漬け汁に3か月間漬けてじっくりと熟成させます。白い『**豆腐よう**』、女性向きにマイルドな味の『**華々**』など、新たな味も次々に生まれています。

●価格／1びん5個入り(紅、白とも)各1260円、華々2個セット525円ほか
●注文方法／TEL、FAX、公式HP
※支払い方法は代金引換、郵便振替、銀行振込

●紅濱(べにはま)

〒901-2123　沖縄県浦添市
西洲2丁目2-2
tel: 0120-55-1024　fax: 098-870-1079
http://www.benihama.jp

沖縄料理の定番
チャンプルーには欠かせない

島とうふ

【沖縄特産販売】

島豆腐は栄養的に優れ、栄養成分表でも沖縄豆腐として普通の豆腐とは別に記載されているほど。その違いは製造法が異なるためです。普通の豆腐は大豆をゆでてからすりつぶしますが、島豆腐は生のまますりつぶします。ですから大豆の味の濃い、しっかりとした豆腐になるのです。この『**島とうふ**』は伝統をしっかりと守った間違いのない味です。

●価格／１パック (590g) 630 円　冷蔵
●注文方法／ TEL、FAX
※支払い方法は代金引換、郵便振替

●沖縄特産販売 (おきなわとくさんはんばい)
〒 901-0212　沖縄県豊見城市平良 240-152
tel: 0120-411-935　fax: 098-850-1986
http: //www.powerfood.co.jp/

ゆでた三枚肉とみそで作る
こってりとした保存食

アンダンス

【上原ミート】

「爪と鳴き声以外はすべて食べる」と言われるほど、沖縄の豚肉料理は豊富です。甘辛く濃厚な味のアンダンスもそのひとつ。あぶらみそともいわれ、温かいご飯にのせると豚の脂とみそがご飯に溶け込み、ひと口で豊かな気持ちになれます。「**上原ミート**」には「肉のおいしい店」と親戚に教えられて行ったのですが、幻の豚“あぐー”を赤みそや白みそ、黒糖、泡盛で煮込んだ『**アンダンス**』も、やはり美味でした。

●価格／赤、白とも１パック (265g) 各 500 円　冷凍
●注文方法／ TEL、FAX
※支払い方法は代金引換

●上原ミート (うえはらみーと)
〒 900-0014　沖縄県那覇市松尾 2 丁目 10-1
第一牧志公設市場 1F
tel: 098-863-6186　fax: 098-866-8506

スープ、みそ汁、お吸い物が揃い
沖縄の太もずくがたっぷり

もずくんスープ

【沖友】

沖縄には“もずくの日”があります。4月の第3日曜日で第1回ゲストがじつは私。その折に副知事さんから、沖縄のもずくは全国生産量の99%とうかがいました。もずくには食物繊維が豊富。また、あのヌルヌルの素、フコイダンには胃潰瘍を引き起こすというピロリ菌を排出する働きもあり、健康食品として注目されています。手軽にもずくが食べられる「**沖友**」の『**もずくんスープ**』は味もよく、おすすめです。

●価格／1箱9パック入り(3種各3パック)1470円
●注文方法／TEL、FAX
※支払い方法は代金引換

●沖友(おきゆう)
〒901-0152　沖縄県那覇小禄699-203
tel: 098-857-3739　fax: 098-859-3361

プチッとはじけると
磯の香りが口いっぱいに広がる

球美《くみ》の海ぶどう

【久米島海洋深層水開発】

30年ほど前に海ぶどうを初めて見たときは、おもわず「わぁーおもしろい」。クビレツタともいう海藻の1種と、取材でお会いした東大農学部の新崎盛敏教授に教えていただきました。透き通った緑とプチプチとした食感で清涼感いっぱい。『**球美の海ぶどう**』は久米島沖の深層水で養殖され、ミネラルも豊富。軽く水洗いしたあと、ドレッシングなどにつけていただきます。

●価格／1パック(40g)420円、1パック(80g)840円
●注文方法／TEL、FAX、公式HP
※支払い方法は代金引換、郵便振替、銀行振替

●久米島海洋深層水開発
(くめじまかいようしんそうすいかいはつ)
〒901-0305　沖縄県糸満市西崎4丁目12-6
tel: 098-992-0701　fax: 098-992-0700
http: //www.kuminomizu.com/

沖縄

具のソーキ骨、かまぼこ、薬味まで
すべて揃ってすぐに食べられる

ソーキそば

【玉家】

そばとは名ばかり、沖縄のそばは小麦粉100%でむしろ、うどん。かん水などでこしを出した黄色っぽい麺は、中華麺とうどん、どちらにも似ていますし、スープは豚骨と鰹節でとる日中融合のような味。中国と日本双方の影響を受けてきた沖縄ならではの麺料理といえるかもしれません。

沖縄そばに、骨つきあばら肉の煮つけ（ソーキ骨）をのせるとソーキそばになります。「**玉家**」の『**ソーキそば**』は細麺を使い、スープ、ソーキ骨もたっぷりです。昨年末に沖縄のいとこから“年越しに”ともらい、家族中で大満足。私が初めてご紹介するお店の味です。

●価格／大１人前650円、小１人前550円
●注文方法／TEL、FAX
※支払い方法は代金引換
冷凍（スープのみ）

●玉家（たまや）
〒901-1207　沖縄県南城市古堅913-1
tel+fax: 098-944-6886

沖縄

長寿の里、大宜味村特産の
シークワーサーだけで作った

シークワーサー100%ジュース

【笑味の店】

「**笑味の店**」の金城笑子さんは、女子栄養短大出身で私の後輩。島野菜を絶やしたくないという思いから、私の父の故郷大宜味村で、地元の食材を使ったレストランを開いている、何かとご縁のある頼もしい存在です。最近人気のシークワーサーは大宜味村の特産の果物で、味はやはり格別。村の人たちは３つ４つとポケットに忍ばせて畑仕事に出かけ、のどを潤すと聞きました。

「**笑味の店**」の『**シークワーサージュース**』は混じりけなしの100%果汁ですから、４～５倍に薄めて飲んだり、ドレッシングに、焼き魚にと使い方はいろいろ。焼酎割りもいけますね。

●価格／１本(500ml) 2500円
●注文方法／TEL
※支払い方法は代金引換

●笑味の店(えみのみせ)
〒905-1305　沖縄県国頭郡
大宜味村大兼久61
tel・fax: 0980-44-3220

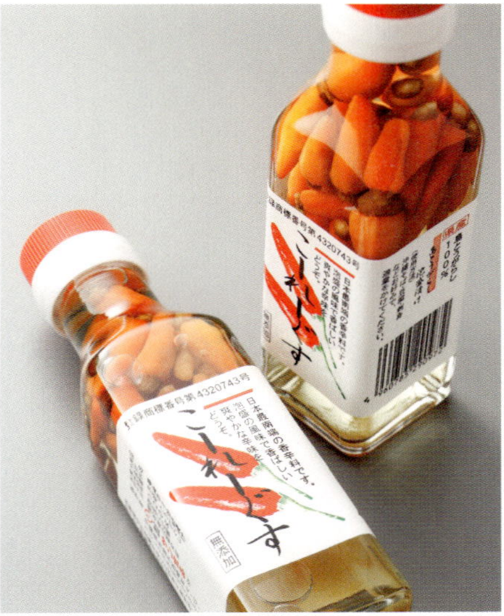

島唐辛子を泡盛に漬け込んだ、
刺激的な辛味調味料

こーれーぐす

【サン食品】

名護の契約農家が栽培した唐辛子を宮古島産の泡盛に漬け込むこと3か月。唐辛子の辛さと風味が泡盛に充分移ったところで、唐辛子を新しいものと取り替え、さらに1か月熟成させて『**こーれーぐす**』はできあがります。沖縄そばとの相性抜群で、これをかけるとかけないとでは味が段違いとかで、どんな店にも必ず置かれているということです。我が家ではチャンプルーにかけることも。

●価格／1本 (120g) 735円
●注文方法／TEL、FAX
※支払い方法は代金引換

●サン食品 (さんしょくひん)
〒901-0305　沖縄県糸満市西崎4丁目13-2
tel: 098-852-3330　fax: 098-852-3315

さまざまな香辛料の風味と
辛みが渾然一体となったおいしさ

石垣島ラー油

【ペンギン食堂】

地元の島唐辛子、ウコン、島こしょう、塩、黒砂糖など10種の材料をチャンプルーした「**ペンギン食堂**」の『**石垣島ラー油**』は今や大人気。我が社でも常備して、お弁当のおかずにたらりとかけていただいています。以前は何度電話してもお留守で、「こんなことで商売になるのかしらん？」と心配しましたが、やはりきちんと作られたものは、人々に受け入れられるということですね。

●価格／1本 (100ml) 735円、1本 (400ml) 2310円
●注文方法／TEL、FAX
※支払い方法は代金引換のみ

●ペンギン食堂 (ぺんぎんしょくどう)
〒907-0022　沖縄県石垣市大川199-1
tel・fax: 0980-88-7030
http: //www.ishigaki-Pengin.com/

私がご紹介して以来
林真理子さんもお気に入り

サーターアンダギー

【歩】

サーターは砂糖、アンダギーは揚げ物のこと。サーターアンダギーは小麦粉、砂糖、卵を合わせて揚げたドーナッツのようなお菓子で、揚げているうちに生地がはじけて笑い顔のように。中国のお菓子“開口笑”が起源ともいわれます。

「**歩**」の『**サーターアンダギー**』は卵の黄身だけを使っているので、こくと甘みがあり、口当たりも柔らか。2つに割ると現れる明るい黄色はいかにもおいしそうで、元気までもらえるような気がします。じつは、沖縄生まれで、我が家の家事を長く手伝ってくれている“栄子ちゃん”のサーターアンダギーも絶品で、家では彼女の、買うなら「**歩**」でと決めています。

●価格／1袋10個入り735円
●注文方法／TEL、FAX
※支払い方法は代金引換

●歩（あゆみ）
〒900-0014　沖縄県那覇市
松尾2丁目10-1
第一牧志公設市場2F
tel: 098-863-1171　fax: 098-863-1156

私には子供の頃からおなじみの
中国菓子の流れを汲む焼き菓子

ちんすこう

ちんすこうは、今ではもっともポピュラーな沖縄菓子ですが、元はれっきとした王朝菓子。砂糖とラード、小麦粉を合わせた生地を木型で抜いて香ばしく焼いた軽い食感と、あっさりした甘さは独特です。首里城の包丁役(台所奉行)だった「**新垣ちんすこう本舗**」の初代は、中国から来た料理人に中国菓子を、王子のお供で行った薩摩で日本菓子を学び、独自の琉球菓子を作り上げました。菊の花をかたどった大きな菓子だったちんすこうを、今のような細長い楕円で食べやすい形にしたのも初代とのこと。

誕生日や結婚式など
お祝い事に用いられてきた

李桃餅《りとうぺん》

小麦粉とラードで作ったしっとりとしたパイのような皮。白ごま、ピーナッツ、汁を絞ったみかんを砂糖で煮たものなどを混ぜた香りのよいあんは、中国菓子の月餅を思わせます。**『李桃餅』**のあでやかなピンクに染められた桃の姿は、しばらく眺めていたいほどの愛らしさ。慶事に欠かせないおめでたい菓子として今に受け継がれる沖縄の伝統菓子です。

【新垣ちんすこう本舗】

ちんすこう
●価格／1箱22袋入り(1袋2本入り)840円ほか

李桃餅
●価格／1個90円

●注文方法／TEL、FAX、公式HP
※支払い方法は代金引換

●新垣ちんすこう本舗
(あらがきちんすこうほんぽ)
〒900-0013　沖縄県那覇市
牧志1丁目3-68
tel・fax: 098-867-2949
http://www.chinsuko.co.jp

< お断り >

本書に掲載されているお取り寄せ商品について

1. 価格はすべて消費税込み
2. 特に断りのない限り送料が別途かかります
3. 冷蔵あるいは冷凍マークのないものは常温で届きます
4. 支払方法は各店によって異なります
   < 例 > 代金引換・郵便振替・銀行振込・カード払い・コンビニ払い
   < 例 > 前払い・後払い・代金引換
   詳しくはお店におたずねください
5. 本書で “公式 HP” とは “メールで購入可能” を意味します

調味料

お取り寄せ

しょうゆ、酢、みりん、みそなどの発酵調味料は
日本が世界に誇る先人の知恵。
こだわり抜いた原料を使用し
手間ひまかけた伝統の製法を用いた
今なお受け継がれる
素晴らしい調味料の数々を紹介します。

塩

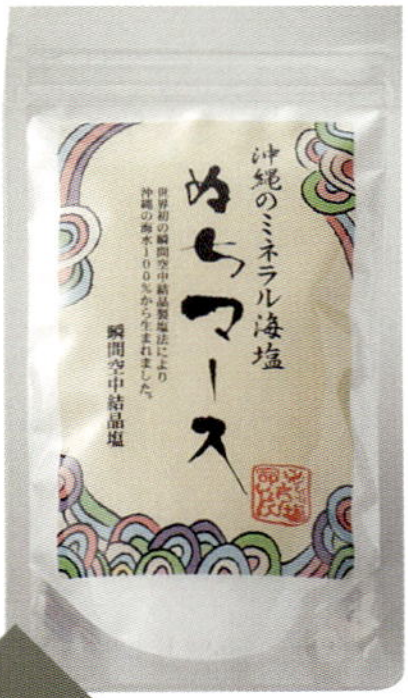

ぬちマース

●価格／1パック(250g) 1050円ほか(2パック以上から)
●注文方法／TEL、FAX、公式HP
※支払い方法は代金引換、郵便振替、銀行振込

●ベンチャー高安
(べんちゃーたかやす)
〒904-2205　沖縄県うるま市
栄野比616
tel: 0120-70-1275
fax: 098-982-4104
http://www.nutima-su.jp/

大きなビニールハウスの中に海水を噴出し、温風で塩分を瞬時に結晶させる世界初の“瞬間空中結晶製塩法”によって生まれる『**ぬちマース**』は、驚くほど粒子の細かなさらさらとした塩。普通の製法では失われてしまう微量元素も含み、ギネスブックでもミネラル含有量は世界一と認定されています。原料の海水は海洋汚染の少ない浜比嘉島の海で採取。この塩はまさに“ぬちマース(命の塩)”といえるでしょう。

海人《あまびと》の藻塩

●価格／土器入り(250g) 1260円、布袋入り(300g) 1155円ほか
●注文方法／TEL、FAX、公式HP
※支払い方法は代金引換

●蒲刈物産
(かまかりぶっさん)
〒737-0402　広島県呉市
蒲刈町大浦7407-1
tel: 0120-36-7021
fax: 0823-70-7023
http://www.moshio.co.jp/

万葉集にもたびたび登場し、日本の塩のルーツともいえる藻塩。広島県蒲刈町の浜から古代の製塩土器が発掘されたのをきっかけに製法の研究が始められ、10年以上の歳月を経て現代に蘇りました。

濃度を高めた海水にホンダワラを入れてエキスを抽出し、これを煮詰めたのち遠心脱水機で余分なにがりを除き、焼いてサラサラに仕上げたのが『**海人の藻塩**』。海藻のミネラルやヨードがたっぷり含まれたまろやかな塩です。

天日塩 ムーンソルト

●価格／ムーンソルト1パック(100g)粒小683円、粒大735円、ピュアボニンソルト1パック(150g) 525円ほか
●注文方法／TEL、FAX、公式HP
※支払い方法は代金引換、銀行振込

●小笠原自然海塩
(おがさわらしぜんかいえん)
〒100-2101　東京都小笠原村
父島時雨山
tel・fax: 04998-2-3623
http://www.ogashio.com/

『**ムーンソルト**』と、ロマンティックな名がついているのは、海水を明るい太陽や月の光のもと、自然の力だけで結晶させるからでしょうか。原料は澄み切った小笠原の海水100%。海のミネラルバランスがそのまま凝縮され、塩自体にしっかりとしたうまみがあるので、新鮮な素材にパラリと振って焼くなど、シンプルな料理ほどその持ち味が生きてきます。用途に合わせて、細かな粒子のピュアボニンソルトも。

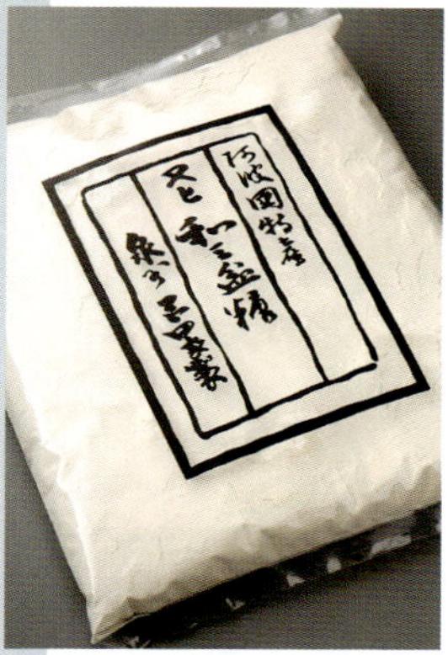

阿波和三盆糖

●価格／1袋(100g) 315円、1袋(500g) 1365円
●注文方法／FAX、公式HP、郵便
※支払い方法は代金引換

●岡田製糖所
（おかだせいとうしょ）
〒771-1310　徳島県板野郡
上板町泉谷
tel: 088-694-2020
fax: 088-694-2221
http: //www.wasanbon.co.jp/

四国の在来種、細きびの汁を煮詰めた褐色の白下糖を、米を研ぐように水を打ってはこね、蜜を押し出していくと、徐々に白くきめ細かな肌に。この“研ぎ”を盆の上で3度繰り返したことから“和三盆糖”の名がついたとのことです。「**岡田製糖所**」ではさらに多い5度の全工程を、この道50年の名職人が手仕事で行っています。口の中でスーッと溶ける繊細で上品な甘さは、コーヒー、紅茶に入れたり、フルーツにも。

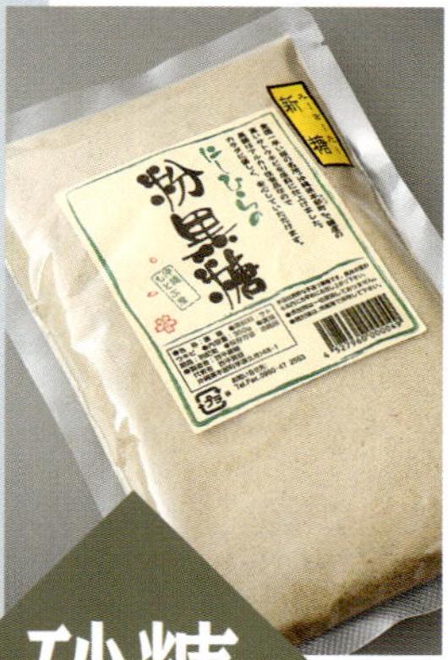

西平黒糖

●価格／粉、ブロックとも1袋(350g) 630円
●注文方法／TEL、FAX、公式HP
※支払い方法は代金引換、郵便振替、銀行振込

●かでな商品サービスむるち
（かでなしょうひんさーびすむるち）
〒166-0033　東京都杉並区
高円寺南3-68-1 2F
tel: 0120-86-0978
fax: 03-5327-3056
http: //www.muruchi.co.jp/

黒糖は沖縄の特産品ですが、契約農家の無農薬栽培さとうきびを使い、江戸時代から伝わる製法を今も守っているのは、沖縄でも西平さんだけと聞きました。さとうきびの絞り汁を釜炊きしてはろ過する作業を7回繰り返す“七ツ釜製法”と呼ばれる方法で、黒砂糖独特のうまみは残しながら、アクっぽさがないのが『**西平黒糖**』の特長。もちろんミネラルとビタミンはたっぷりで、黒糖にはうるさい私も太鼓判です。

島ザラメ糖

●価格／1袋(1kg) 840円
●注文方法／TEL、FAX
※支払い方法は代金引換、郵便振替、銀行振込

●山口製菓店
（やまぐちせいかてん）
〒891-6151　鹿児島県大島郡
喜界町塩道1504-3
tel: 0997-66-0028
fax: 0997-66-0010

喜界島は奄美大島の東に浮かぶ小さなさんご礁の島。太陽がいっぱいに降り注ぐこの島ではさとうきび栽培が盛んです。ざらめというとわた飴の材料が思い浮かびますが、「**山口製菓店**」の『**島ザラメ糖**』はいわゆる粗糖。さとうきびの搾り汁をそのまま煮詰めてできた結晶から糖蜜を除いたものです。普通の粗糖に比べてあくが少なくすっきりとした味で、料理にも飲み物にもオールマイティに活躍してくれます。

しょうゆ

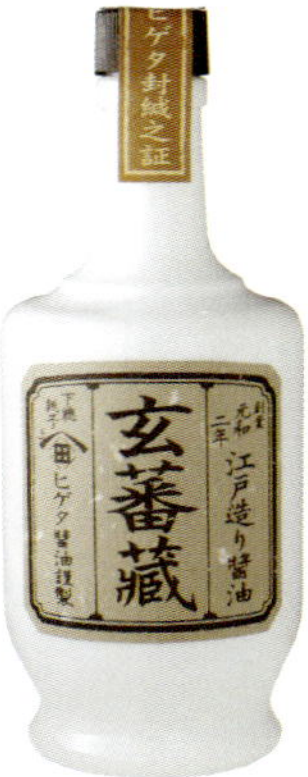

玄《げん》蕃《ば》蔵《ぐら》

●価格／1本(500ml) 1800円(送料込み)
●注文方法／下記の電話で申し込み書請求。
※支払い方法は郵便振替

●ヒゲタ醤油「玄蕃蔵」係
（ひげたしょうゆ）
〒288-8680　千葉県銚子市中央町2-8
tel: 0479-22-0080
fax: 0479-25-2132
http: //www.higeta.co.jp

創始者田中玄蕃の名を戴き、往時の製法を現代の技術と設備で再現した『**玄蕃蔵**』。1年に1度だけの“寒冷期仕込”、春、夏と醸成の時を過ごし、9月9日の重陽の節句に満を持して蔵出しされます。

毎年この日、炊きたての白いご飯にひとしずくたらして、私はまず大好きな“おしょうゆご飯”で、そのふくよかな香りとすっきりとしてまろやかな味を堪能します。完全予約販売で5月初旬に受付開始です。

湯浅たまり 濁《にご》り醤《びしお》

●価格／1セット2本入り(720ml×2) 3450円ほか
●注文方法／TEL、FAX、郵便
※支払い方法は郵便振替

●角長
（かどちょう）
〒643-0004　和歌山県有田郡
湯浅町湯浅7
tel: 0737-62-2035
fax: 0737-62-4741

天保12(1841)年創業当時のたたずまいを残す「**角長**」は、日本のしょうゆ発祥の地、湯浅町でただ1軒、昔ながらの天然醸造を守る店。『**濁り醤**』は、国産の丸大豆、小麦、大麦と天然塩を原料に、15か月間の天然発酵ののち火入れせずに仕上げた生じょうゆです。味わいは濃厚ですが、あと口はすっきり。白身の刺し身のつけじょうゆによし、また煮物の仕上げに加えると香りがぐんと引き立ちます。

三河しろたまり

●価格／1本(720ml) 882円ほか
●注文方法／TEL、FAX、郵便、公式HP
※支払い方法は代金引換、銀行振込

●日東醸造
（にっとうじょうぞう）
〒447-0868　愛知県碧南市松江町6-71
tel: 0566-41-0156
fax: 0566-42-7744
http: //nitto-j.com

　白しょうゆは、普通のしょうゆと違い、小麦が主原料で大豆は使っても少量。「**日東醸造**」では豊かな自然に囲まれた町に仕込蔵を構え、愛知県の小麦と伊豆の自然海塩だけを原料に、昔ながらの技法でこの『**三河しろたまり**』を製造しています。防腐剤も入れず、仕上げは米焼酎。原料の小麦も自家栽培を始めたとのことで、そのこだわりは大したもの。淡い色とまろやかな味わいは、素材の色と味を生かします。

天翔かつおしょうゆ

●価格／1ケース10本入り2940円
●注文方法／TEL、FAX、公式HP
※支払い方法は代金引換、郵便振替、カード払い

●日本丸天醤油
（にほんまるてんしょうゆ）
〒671-1601　兵庫県たつの市
　揖保川町半田672
tel: 0120-539-010
fax: 0791-72-3539
http: //www.marten-fi.co.jp/

　兵庫県、播州平野の城下町龍野でしょうゆ作りが始まったのは、古く江戸時代以前。揖保川と瀬戸内海の水運を利用して発達したと聞きます。
　この地で創業200有余年を誇る「**日本丸天醤油**」は、伝統の上に工夫を重ね、時代の求める品も開発。かつおしょうゆもそのひとつで、かつおと昆布のうまみをきかせ、塩分は10%と濃口の約6割。冷や奴やおひたしにかければよりおいしく、手軽に減塩もできます。

イチミツ淡口《うすくち》しょうゆ

●価格／1本(1000ml) 346円
●注文方法／TEL のみ
※支払い方法は代金引換

●加賀屋醤油
（かがやしょうゆ）
〒779-3298　徳島県名西郡石井町
　浦庄字国実188
tel: 0120-22-1156
fax: 088-674-3287
http: //www.kagaya-syouyu.co.jp/

　東京育ちの私はあまり使いませんが、関西では淡口が当たり前。関西の人が東京に来て、うどんつゆが真っ黒なのを見て泣きたくなった、という話も聞きます。淡口しょうゆは素材の持ち味を損なわないように色も香りも抑えて作られ、少量でも味が際立つので、炊き合わせなどを品よく仕上げるのに欠かせません。徳島の料亭「**青柳**」主人小山さんごひいきの店の、家庭向きの品をご紹介します。

酢

加茂千鳥

●価格／1本(360ml) 441円(1ケース24本単位で)、1本(900ml) 641円（1ケース12本単位で）
●注文方法／TEL、FAX
※支払い方法は郵便振替

●**村山造酢**
（むらやまぞうす）
〒605-0005　京都府京都市東山区三条大橋東3-2
tel: 075-761-3151
fax: 075-751-9119

創業は享保年間という「**村山造酢**」。商標の千鳥は“加茂川や清き流れに千鳥すむ”という古歌にちなんでつけられたといいますから、歴史の重みと京の風情を感じます。調味料は素材の持ち味を引き立てるものという信念のもと、京料理とともに歩み、数多くの料理人に支持されてきた柔らかな酸味と深いうまみはさすが。“失われつつある日本の食文化の継承に尽くしたい”というお店の思いが伝わってきます。

京風すし酢

●価格／1本(360ml) 556円、1本(900ml) 1050円
●注文方法／TEL、FAX、公式HP
※支払い方法は代金引換

●**林孝太郎造酢**
（はやしこうたろうぞうす）
〒602-0004　京都府京都市上京区新町通寺之内上ル東入道正町455
tel: 075-451-2071
fax: 075-451-8028
http: //www.shinise.ne.jp/hayasi

京都で酢一筋に170年の歴史を重ねる老舗「**孝太郎**」のすし酢は、やはり別格です。化学調味料は一切使わず、材料は米酢、粕酢、りんご酢、砂糖などの天然調味料だけ。ここに昆布のうまみが溶け込み、調和のとれたまるみのある味に仕上がっています。

関西のすし酢は、塩が勝った関東のそれに比べれば甘め。その甘さ加減もほどよく、思わずおいしそうな巻きずしが目の前に浮かんでくるようです。

天寿薩摩黒酢

●価格／1本(720ml) 5040円
●注文方法／TEL、FAX、公式HP
※支払い方法は代金引換

●**坂元醸造**
（さかもとじょうぞう）
〒890-0052　鹿児島県鹿児島市上之園町21-15
tel: 0120-207-717
fax: 099-250-1555
http: //www.kurozu.co.jp/

福山町は江戸時代からの歴史を持つ黒酢の里。ここに「**坂元醸造**」の“壷畑”は広がります。野天に並べられた陶器の壷に原料の米麹、蒸し米、地下水のみを仕込み、1年以上発酵・熟成させ、黒酢は作られます。『**天寿薩摩黒酢**』は3年以上の月日をかけて育てた最高級品。まろやかな酸味、ほのかな甘み、豊かな風味は料理の味を深めます。ヘルシーに、毎日少量ずつ薄めて飲むのも最近は人気のようです。

純柿酢

●価格／1本 (720ml) 4515円
●注文方法／TEL、FAX
※支払い方法は代金引換

●**肥後春冨純柿酢**
（ひごはるとみじゅんかきす）
〒211-0004　神奈川県川崎市中原区
新丸子東 2-925-702
tel · fax: 044-435-2084

その名のとおり、柿だけを自然発酵させて作る『**純柿酢**』。肥後の国、現在の熊本県三加和の内野家に200年前から伝わる家伝の製法により、まったくの無添加で、3年以上の熟成の時を経て生み出されます。鼻にツンと来ない穏やかな酸味が、私はお気に入り。深い味わいと柿に由来する自然な甘さもあり、そのまま薄めて飲むのもよし、酢の物などに使えば、素材の味が生きたまろやかな味に仕上がります。

みりん

九重櫻

●価格／1本 (700ml) 1048円
●注文方法／TEL、FAX
※支払い方法は代金引換

●**九重味淋**
（ここのえみりん）
〒447-8603　愛知県碧南市
浜寺町 2-11
tel: 0120-59-9939
fax: 0566-48-0993
http: //www.kokonoe.co.jp

「**九重味淋**」は三河みりんの元祖といわれ、創業230有余年と業界最古の老舗。そのみりん作りの伝統と技術の粋を集めた元祖三河みりんの復元版ともいえるのがこの『**九重櫻**』です。原材料は国内産もち米、米麹、本格米焼酎。まろやかな口当たり、豊かなコクと風味で料理に上品な甘み、深い味わい、照りとつやも与えてくれるので、使うだけでの料理の腕がぐんと上がった気分に。飲んでもおいしい、極上のみりんです。

みそ

無添加麦みそ

●価格／無添加麦みそ１カップ(750g)651円、有機味噌 麦1カップ(500g)788円
●注文方法／TEL、FAX、公式HP
※支払い方法は代金引換、郵便振替、銀行振込、コンビニ払いほか

●チョーコー醤油
（ちょーこーしょうゆ）
〒850-0051　長崎県長崎市
西坂町2-7
tel: 095-826-6118
fax: 095-821-4711
http: //www.choko.co.jp/

麦みそは、麹の甘やかな香りとやさしい風味が持ち味。麦麹の浮かんだみそ汁をいただくと、なぜかほっとします。「**チョーコー醤油**」は麦みその本場、長崎のメーカーで、安全は当然のこと、健康に役立つおいしい調味料作りが企業ポリシー。『**無添加麦みそ**』も大麦、大豆、塩だけを原料にじっくりと熟成され、火入れはせず、風味の生きた生みそに仕上げられています。有機栽培の原料を使った『**有機味噌 麦**』もお試しを。

信州みそ二年みそ

●価格／１袋(1kg) 1155円、朱樽詰(2kg) 2940円ほか
●注文方法／TEL、FAX、公式HP
※支払い方法は代金引換、郵便振替、銀行振込、カード払いなど

●富士屋醸造
（ふじやじょうぞう）
〒384-0026　長野県小諸市
本町１丁目3-10
tel: 0120-33-0398
fax: 0267-22-4196
http: //www.fujiyajozo.com/

懐古園でも知られる信州の城下町、小諸にある「**富士屋醸造**」。この店では、大豆に対して10割の麹を使った中辛、13割の甘口、15割の特製甘口と、大豆と米麹の割合を変えて３種の米麹みそを製造しています。
『**信州みそ二年みそ**』は特製甘口をさらに通常の２倍の期間寝かせて塩なれさせた、極上の甘口みそ。このまろやかさは毎日のみそ汁のほか、田楽みそや鍋物などいろいろに楽しみたいものです。

白みそ

●価格／1袋(500g) 840円、(1000g) 1575円
●注文方法／FAX、郵便
※支払い方法は代金引換、郵便振替、銀行振込
※なお12月分は11月中の御予約のみ

●山利
（やまり）
〒605-0837　京都府京都市
東山区新宮川町
五条上ル
fax: 075-541-7603

みその中でも麹の量が抜群に多く、塩分は5%前後といちばん少ないのが白みそ。「**山利**」のものは4.6%と特に少なく、甘みもあっさりめ。もちろん保存料無添加ですから、日もちがしないのですが、少人数で品質管理を徹底し、こまめに仕込んでできたてを売るという、良心的な商いで品質を守っています。白みその味をよく知る、京都の老舗料亭「菊之井」主人、村田さんが最も信頼を寄せている店、というのもうなずけます。

八丁味噌

●価格／1箱(1kg) 1890円
●注文方法／TEL、FAX、郵便、公式HP
※支払い方法は代金引換、郵便振替、カード払い、コンビニ払い

●カクキュー八丁味噌
（カクキューはっちょうみそ）
〒444-0923　愛知県岡崎市
八帖町字往還通69
tel: 0120-238-319
fax: 0564-25-6051
http: //www.kakuq.jp/home/

八丁みそは蒸した大豆と塩で作る豆みそ。2年間の長い熟成を経て、色もうまみも濃い独特のみそになります。その名は江戸時代初期、愛知県岡崎城から西に八丁の距離にあった八丁村で作り始めたことが由来とか。1年ほど前、テレビの取材で製造過程を見せていただいた「**カクキュー**」はその岡崎にある老舗中の老舗です。みそ汁に使うなら、みその味に負けないようだしは濃い目にとるのがポイントです。

袖ふり味噌

●価格／1パック(1kg) 735円
●注文方法／TEL、FAX、公式HP
※支払い方法は代金引換

●越後味噌醸造
（えちごみそじょうぞう）
〒959-0244　新潟県燕市
吉田町中町5-10
tel: 0256-93-2002
fax: 0256-92-3837
http: //www.echigomiso.co.jp/

北海道の袖振り大豆と、国産米で作った米麹で作る「**越後味噌醸造**」自慢のみそ。袖振り大豆は国内では最高級といわれ、糖度が高くコクがあり、粒も揃っていることで知られます。その味を最大限に引き出すために無添加で木桶に仕込み、約1年間じっくりと熟成させた『**袖ふり味噌**』は、いかにも北国らしい、しっかりとした味になっています。みそ汁はもちろん、みそ漬けに使うとそのよさがわかります。

油

なたね油

●価格／1缶 (1kg) 1500円
●注文方法／FAX
※支払い方法は代金引換

●愛知食油
（えちしょくゆ）
〒529-1314　滋賀県愛知郡
愛荘町中宿118
tel: 0120-800145
fax: 0749-42-4329

菜種油は歴史が古く、日本では最もポピュラーな油。ある程度の年齢以上の人なら誰も、その香ばしい香りに懐かしさを覚えるのではないでしょうか。

とはいえ、菜種はほとんどを輸入に頼っているのが現状で、国産原料100%の「**愛知食油**」の『**なたね油**』は今や希少品です。圧搾法で絞り、酸化防止剤などの添加物を一切加えない純粋な油は風味も豊か。炒め物や揚げ物など、料理の味が一段とアップします。

コメーユ

●価格／1本 (110g) 735円
●注文方法／TEL、FAX、公式HP
※支払い方法は銀行振込

●平野商会
（ひらのしょうかい）
〒101-0044　東京都千代田区
鍛冶町2丁目8-1
tel: 03-3252-0532
fax: 03-3252-0536
http: //www.kanda-hirano.jp/

『**コメーユ**』は、国産の玄米からとった新鮮なぬかと胚芽を原料にしたこめ油。有機溶剤などを使わない昔ながらの圧搾製法で絞り、“スチームリファイリング”という物理製法で精製したこだわりの油です。ぬかと胚芽が原料ですから抗酸化作用のあるビタミンEが豊富で、酸化しにくいのもうれしい特徴。食卓に置いてサラダやおひたし、みそ汁などに手軽にひと振り。風味づけと健康効果も期待できます。

九鬼芳醇胡麻油

●価格／105g × 12 本入り 5040 円
●注文方法／TEL、FAX、公式 HP
※支払い方法は代金引換

●九鬼産業
（くきさんぎょう）
〒 510-0059　三重県四日市市尾上町 11
tel: 0120-50-1158
fax: 059-350-2077
http: //www.regionet.ne.jp/mie/city/senmon/kukikuki_A_6.html

「**九鬼産業**」は 120 年近い歴史を持つごまの総合メーカー。創業時からの圧搾製法を守り、原料に対する厳しいチェックを行って安全性を確保。安心で風味のよいごま油を製造しています。『**九鬼芳醇胡麻油**』は最高品質といわれるグアテマラ産白ごまが原料。香ばしさとまろやかな味は和洋中どんな料理にもおすすめです。食卓で好みの料理にさっとかけ、ごまの芳しさを楽むというのもよいですね。

芳香落花生油

● 価 格 ／ 1 本 (180g) 1050 円 、1 本 (460g) 1890 円
●注文方法／ TEL、FAX、公式 HP
※支払い方法は代金引換、郵便振替、カード払い

●山中油店
（やまなかあぶらてん）
〒 602-8176　京都府京都市上京区
下立売通智恵光院西入 508
tel: 075-841-8537
fax: 075-822-4353
http: //www.yoil.co.jp/

　創業文政年間といいますから、200 年近くの歴史を持つ「**山中油店**」は、京都の油専門店。この店の『**芳香落花生油**』は、品質には定評のある千葉県八街の落花生を主原料に作られます。
　ほのかなピーナッツの香りが食欲を誘い、濃厚な味わいですが後味はあっさり。ドレッシングに加えて生で食べても美味ですし、中国料理やエスニック料理などに使うとまろやかさが加わって本場の味に仕上がります。

完熟・手摘みオリーブオイル

●価格／ 1 本 (200ml) 3150 円 (年により変動あり)
●注文方法／ TEL、FAX、公式 HP
※支払い方法は代金引換、銀行振込

●ヤマヒサ
（やまひさ）
〒 761-4411　香川県小豆郡
小豆島町安田甲 243
tel: 0879-82-0442
fax: 0879-82-5177
http: //www.yama-hisa.co.jp/

　小豆島の自社農園で育てたオリーブの実を、木で熟すのを待って一粒一粒手で摘み、そのままぎゅっと絞っただけの、シンプルで最高に贅沢なオリーブオイルです。農薬も除草剤も使わないので、害虫や雑草を取り除く作業は大変ですが、その愛情が、封を切ったとたんに薫る新鮮でフルーティーな香りと豊かな味わいを生み出すのでしょう。限定生産で数は年により変動あり。12 月上旬から販売開始です。

索引

◆魚介
◆魚介加工品
◆海藻

◆肉
◆肉加工品

◆農産物
◆農産加工品

◆豆
◆豆製品

◆乳製品

◆ご飯物
◆麺類
◆鍋物
◆軽食

◆漬け物
◆佃煮

◆お菓子

ひとつ鍋……（北海道）◆ 18
トラピストクッキー……（北海道）◆ 19
バター飴……（北海道）◆ 19
薄紅……（青森）◆ 27
ごま摺り団子……（岩手）◆ 29
仙台駄菓子……（宮城）◆ 32
さなづら……（秋田）◆ 35
白露ふうき豆……（山形）◆ 37
小法師……（福島）◆ 41
家伝ゆべし……（福島）◆ 41
古印最中……（栃木）◆ 48
焼まんじゅう……（群馬）◆ 51
沖の石……（埼玉）◆ 52
甘藷納豆……（埼玉）◆ 53
黒糖松葉……（埼玉）◆ 53
切り芋……（埼玉）◆ 53
ぬれ煎餅……（千葉）◆ 56
人形焼……（東京）◆ 61
丹波黒豆甘納豆……（東京）◆ 61
鳩サブレー……（神奈川）◆ 65
笹だんご……（新潟）◆ 73
くろ羊かん……（新潟）◆ 73
甲斐古餅……（山梨）◆ 75
杏ぐらっせ……（長野）◆ 81
杏ようかん……（長野）◆ 81
江出乃月……（富山）◆ 87
千歳くるみ……（石川）◆ 92
舞鶴……（石川）◆ 93
水羊かん……（福井）◆ 97
栗琳……（岐阜）◆ 103
冷凍栗きんとん……（岐阜）◆ 103
藤団子……（愛知）◆ 111
二人静……（愛知）◆ 111
大津画落雁……（滋賀）◆ 119
紫野松風……（京都）◆ 124
京のよすが……（京都）◆ 124
巻絹……（大阪）◆ 134
梅花むらさめ……（大阪）◆ 135
玉椿……（兵庫）◆ 139
春秋……（島根）◆ 147
むらすゞめ……（岡山）◆ 149
ひとつぶのマスカット……（広島）◆ 152
ジュレ２種……（広島）◆ 152
とんど饅頭……（広島）◆ 153
阿わ雪……（山口）◆ 157
夏蜜柑丸漬……（山口）◆ 157
名物かまど……（香川）◆ 162
一六タルト……（愛媛）◆ 165
山田屋まんじゅう……（愛媛）◆ 165
和三盆糖お干菓子……（徳島）◆ 167
小男鹿……（徳島）◆ 167
野根まんぢう……（高知）◆ 171
鶏卵素麺……（福岡）◆ 177
鶴乃子……（福岡）◆ 177
昔ようかん……（佐賀）◆ 179
茂木ビワゼリー……（長崎）◆ 183
カステラ……（長崎）◆ 183
黄飯餅……（大分）◆ 187
軽羹……（鹿児島）◆ 193
サーターアンダギー……（沖縄）◆ 204
ちんすこう……（沖縄）◆ 205
李桃餅……（沖縄）◆ 205

◆スープ・汁物
◆ジュース
◆その他

森田りんごジュース……(青森) 27
比内地鶏スープ……(秋田) 34
七味唐辛子……(東京) 60
蜂蜜……(神奈川) 64
雪割り人参
100% ジュース……(新潟) 70
かんずり……(新潟) 72
天の醴……(富山) 87
献上加賀棒茶……(石川) 92
はまなみそ……(福井) 97
黒七味……(京都) 122
金山寺味噌……(和歌山) 129
特上 利休の詩……(大阪) 135
天美卵……(鳥取) 145
ゆずこしょう……(佐賀) 179
甘夏マーマレード……(熊本) 185
柚子ねり……(大分) 187
ひや汁……(宮崎) 189
もずくんスープ……(沖縄) 200
シークワーサー
100% ジュース……(沖縄) 202
こーれーぐす……(沖縄) 203
石垣島ラー油……(沖縄) 203

◆調味料

< 塩 >
ぬちマース……(沖縄) 208
海人の藻塩……(広島) 208
天日塩 ムーンソルト……(東京) 208

< 砂糖 >
阿波和三盆糖……(徳島) 209
西平黒糖……(東京) 209
島ザラメ糖……(鹿児島) 209

< しょうゆ >
玄蕃蔵……(千葉) 210
湯浅たまり 濁り醤……(和歌山) 210
三河しろたまり……(愛知) 211
天翔かつおしょうゆ……(兵庫) 211
イチミツ淡口しょうゆ……(徳島) 211

< 酢 >
加茂千鳥……(京都) 212
京風すし酢……(京都) 212
天寿薩摩黒酢……(鹿児島) 212
純柿酢……(神奈川) 213

< みりん >
九重櫻……(愛知) 213

< みそ >
無添加麦みそ……(長崎) 214
信州みそ二年みそ……(長野) 214
白みそ……(京都) 215
八丁味噌……(愛知) 215
袖ふり味噌……(新潟) 215

< 油 >
なたね油……(滋賀) 216
コメーユ……(東京) 216
九鬼芳醇胡麻油……(愛知) 217
芳香落花生油……(京都) 217
完熟・手摘みオリーブオイル……(香川) 217

「岸朝子 日本の食遺産」

著者／岸朝子

企画／鳩山岳志 (旅チャンネル)

制作／旅チャンネル (SKY PerfecTV! ch277 又は ケーブルテレビ局にて放送中)
※旅チャンネル公式 HP http://tabi-ch.net

編集協力／エディターズ

撮影／青山紀子
撮影スタイリング／植木もも子

デザイン／鈴木みのり (elmer graphic)
DTP／elmer graphic
イラスト／林真弓

協力／TETSURO

編集／岩尾雅彦・森摩耶・村上峻亮 (ワニブックス)

2006年8月10日初版発行

発行者：横内正昭
発行所：株式会社ワニブックス
住所：150-8482 東京都渋谷区恵比寿 4-4-9 えびす大黒ビル
電話：03-5449-2711(代表) 03-5449-2716(編集部)
振替：00160-1-157086
印刷所：凸版印刷株式会社
製本所：ナショナル製本

ISBN 4-8470-1668-8　Printed in Japan 2006

ワニブックスホームページ http://www.wani.co.jp
乱丁落丁本は小社営業部宛にお送りください。
送料負担にてお取替えいたします。